Люция Каримова
Раис Каримов

Равновесно-кинетический анализ

Люция Каримова
Раис Каримов

Равновесно-кинетический анализ

Расчетные процедуры и применение

LAP LAMBERT Academic Publishing

Impressum / Выходные данные

Bibliografische Information der Deutschen Nationalbibliothek: Die Deutsche Nationalbibliothek verzeichnet diese Publikation in der Deutschen Nationalbibliografie; detaillierte bibliografische Daten sind im Internet über http://dnb.d-nb.de abrufbar.

Библиографическая информация, изданная Немецкой Национальной Библиотекой. Немецкая Национальная Библиотека включает данную публикацию в Немецкий Книжный Каталог; с подробными библиографическими данными можно ознакомиться в Интернете по адресу http://dnb.d-nb.de.

Coverbild / Изображение на обложке предоставлено: www.ingimage.com

Verlag / Издатель:
LAP LAMBERT Academic Publishing
ist ein Imprint der / является торговой маркой
OmniScriptum GmbH & Co. KG
Heinrich-Böcking-Str. 6-8, 66121 Saarbrücken, Deutschland / Германия
Email / электронная почта: info@lap-publishing.com

Herstellung: siehe letzte Seite /
Напечатано: см. последнюю страницу
ISBN: 978-3-659-51663-4

Zugl. / Утверд.: Москва, 2014

СОДЕРЖАНИЕ

ВВЕДЕНИЕ

Основной задачей при изучении химических процессов является определение величин равновесных (термодинамических) и кинетических параметров. С целью их более точного и быстрого определения для решения задач химической технологии выделяются методы, основанные на объединении равновесного и кинетического подходов. Данный подход позволяет непосредственно связать равновесные и кинетические характеристики и получить дополнительную информацию из обычного массива температурно-временных экспериментальных данных.

Метод равновесно-кинетического анализа (РКА) [1] не требует доведения процесса до равновесной концентрации, которая находится по математической модели реакции с помощью случайно-поисковой процедуры, причем точность этой процедуры достаточна при использовании исходных данных с обычной погрешностью ±5% отн.[2].

1. Диффузионная модель равновесно-кинетического анализа химических процессов

Ранее разработанный и многократно проверенный метод равновесно-кинетического анализа (РКА) химических процессов [1], предусматривающий извлечение формально-кинетической и термодинамической информации из обычных температурно-временных данных по протеканию различных реакций в обратимых условиях, отличается некоторой математической сложностью как при выводе типовых моделей, так и процедур их использования для получения конечных результатов. В связи с этим оба аспекта данного метода нуждались в уточнении и оптимизации.

Затем это уточнение было реализовано в отношении наиболее сложных моделей для гетерогенных процессов, протекающих на поверхности твердой фазы, путем сведения этих моделей к одному из двух табличных интегралов [3, 4]:

$$\int \frac{dx}{a^3 \pm x^3} = \pm \frac{1}{6a^2} \ln \frac{(a \pm x)^2}{a^2 \mp ax + x^2} + \frac{1}{a^2 \sqrt{3}} \, arctg \, \frac{2x \mp a}{a\sqrt{3}}, \qquad (1)$$

либо

$$\int \frac{xdx}{a^3 \pm x^3} = \frac{1}{6a} \ln \frac{a^2 \mp ax + x^2}{(a \pm x)^2} \pm \frac{1}{a\sqrt{3}} \, arctg \, \frac{2x \mp a}{a\sqrt{3}} \ . \qquad (2)$$

Однако результирующая модель идентифицировалась путем сложной процедуры, так как в одном уравнении содержала две неизвестных с вариацией одной из них до получения наибольшего коэффициента корреляции, с последующим усреднением второй определяемой величины.

Эта сложность была несколько упрощена припопарной обработке данных для экспериментальных точек, при которой сразу же исключается одна из неизвестных [4].

Тем не менее остались некоторые недоработки и неполная ясность в процедуре вывода расчетных формул и пользования ими, которые при вычислительных операциях могли приводить к затруднениям или даже к остановке расчетов. В частности, это относится к не совсем удачной замене переменных, при которой приходилось извлекать кубический корень из отрицательного числа, что обычно не предусматривается при вычислениях элементарных функций на программируемых калькуляторах. Не способствует более широкому применению метода РКА и многократная замена переменных, а тем более ранее используемое разложение подынтегральных функций в ряды. Поэтому на примере наиболее распространенной диффузионной модели процесса растворения дисперсного твердого вещества в работе [5] представлен наиболее оптимальный вариант всех выкладок при получении РКА – модели и ее использовании. Приведем работу [5] с сохранением всей аргументации, поскольку это необходимо для полной характеристики.

Скорость растворения сферической частицы

$$Q_к + R_p \longleftrightarrow N_p, \tag{3}$$

с контролем по концентрации продукта в растворе выражается известным уравнением внешней диффузии:

$$\frac{dC}{d\tau} = \frac{D}{\delta} F(C_p - C), \tag{4}$$

где: C и C_p – соответственно текущая и равновесная молярные концентрации растворяемого вещества, F – площадь поверхности раздела твердой и жидкой фаз, D – коэффициент диффузии, δ – толщина диффузионной пленки, обычно принимаемая постоянной.

Для сферических частиц со средним радиусом r_0 площадь поверхности реагирования будет уменьшаться с возрастанием концентрации продукта реакции в растворе по балансовой формуле:

$$F = F_0 (1 - \frac{MVC}{m_0})^{2/3} = \frac{3m_0}{r_0\rho} (1 - \frac{MVC}{m_0})^{2/3}, \tag{5}$$

где: m_0 и F_0 – масса и площадь поверхности исходной навески; ρ и M – плотность и молекулярная масса растворяемого вещества; V – объем раствора. Фрагмент MVC/m_0 выражает долю прореагировавшего (растворенного)

5

вещества. *Длясоблюдения неотрицательности выражения в скобках и тем самым принципиальной (не обязательно фактической) достижимости равновесия должно соблюдаться условие:*

$$MVC \leq m_0. \tag{6}$$

Это значит, что масса исходной навески должна задаваться с некоторым избытком и во всяком случае в каждом опыте должна оставаться часть нерастворенного вещества.

Введение (5) в (4) дает выражение только с двумя переменными, C и τ (для изотермической серии):

$$\frac{dC}{d\tau} = \frac{3m_0 D}{r_0 \rho \delta} (1 - \frac{MVC}{m_0})^{2/3} (C_p - C). \tag{7}$$

Обозначив постоянные как $n = \dfrac{m_0 D}{r_0 \rho \delta}$ и $в = \dfrac{MV}{m_0}$, получим более компактное

уравнение:

$$\frac{dC}{d\tau} = 3n(1 - вC)^{2/3}(C_p - C), \tag{8}$$

которое после разделения переменных имеет вид:

$$\frac{dC}{(1 - вC)^{2/3}(C_p - C)} = 3nd\tau. \tag{9}$$

Далее с целью приведения его левой части к табличной форме подынтегрального выражения (1) произведем замену переменной C на x:

$$x = (1 - вC)^{1/3}. \tag{10}$$

Для подстановки новой переменной в (9) освобождаем C из (10):

$$C = \frac{1 - x^3}{в}. \tag{11}$$

Введение (10) и (11) в левую часть (9) приводит к выражению:

$$\frac{d(\frac{1-x^3}{в})}{x^2(C_p - \frac{1-x^3}{в})} = \frac{-3x^2 dx}{вx^2(вC_p - 1 + x^3)/в} = -\frac{3dx}{вC_p - 1 + x^3}. \quad (12)$$

Казалось бы, достаточно обозначить $вC_p - 1 = a^3$, чтобы привести (12)

к одному из вариантов подынтегрального выражения (1), а именно $\frac{dx}{a^3 + x^3}$.

Однако при этом возникает необходимость вычисления $a = (вC_p - 1)^{1/3}$, в

котором выражение в скобках всегда будет отрицательным ввиду $вC_p < 1$. Это математически вполне корректно, так как кубический корень из отрицательного числа всегда берется, но это неудобно при вычислениях, если 1/3 задается в виде периодической дроби (0,3 (3)), с обязательным ограничением по разряду числа.

Поэтому введено противоположное обозначение $a^3 = 1 - вC_p$, при котором выражение (12) сведется к форме:

$$\frac{3dx}{a^3 - x^3}, \quad (13)$$

соответствующей с точностью до множителя 3 другому варианту (1), а именно

$$\int \frac{dx}{a^3 - x^3} = -\frac{1}{6a^2} \ln \frac{(a-x)^2}{a^2 + ax + x^2} + \frac{1}{a^2\sqrt{3}} arctg \frac{2x + a}{a\sqrt{3}}.$$

Окончательная подстановка (13) в (9) с заменой переменных и с сокращением на 3:

$$\frac{dx}{a^3 - x^3} = nd\tau, \quad (14)$$

позволяет взять несобственные интегралы в правой части в пределах от 0 до τ, чему с учетом $C = 0$ при $\tau = 0$ соответствуют значения $x = (1 - вC)^{1/3} = 1$ и x:

$$\int_1^x \frac{dx}{a^3 - x^3} = n\int_0^\tau d\tau. \quad (15)$$

В результате решения этих интегралов и простых преобразований получается расчетная формула:

$$\frac{1}{a^2}\left[\frac{1}{6}\ln\frac{(a-1)^2(a^2+ax+x^2)}{(a^2+a+1)(a-x)^2}+\frac{1}{\sqrt{3}}\left(arctg\frac{2x+a}{a\sqrt{3}}-arctg\frac{2+a}{a\sqrt{3}}\right)\right]=n\tau. \quad (16)$$

Следует иметь ввиду, что *arctg* вычисляется, как и во всех теоретических расчетах, в *радианах*, для чего требуется перевод вычислительного устройства в соответствующий режим.

В этой формуле в составе $a = (1 - вC_p)^{1/3}$ и $n = m_0D/(r_0\,\rho\,\delta)$ содержится неизвестные постоянные (для данной температуры) величины C_p и D/δ. Их можно определить решением двух уравнений с разными парами C и τ по экспериментальным данным с переводом текущей концентрации в $x=(1-вC)^{1/3}$. Поскольку освобождение a, а тем более C_p в уравнении (16) не представляется возможным, необходимо воспользоваться численными методами решения подобных уравнений. Наиболее просто это можно осуществить делением (16) для произвольной пары данных x_i, τ_i, и x_j, τ_j, при котором n (а также $1/a^2$) сокращаются:

$$\frac{\dfrac{1}{6}\ln\dfrac{(a-1)^2(a^2+ax_i+x_i^2)}{(a^2+a+1)(a-x_i)^2}+\dfrac{1}{\sqrt{3}}(arctg\dfrac{2x_i+a}{a\sqrt{3}}-arctg\dfrac{2+a}{a\sqrt{3}})}{\dfrac{1}{6}\ln\dfrac{(a-1)^2(a^2+ax_j+x_j^2)}{(a^2+a+1)(a-x_j)^2}+\dfrac{1}{\sqrt{3}}(arctg\dfrac{2x_j+a}{a\sqrt{3}}-arctg\dfrac{2+a}{a\sqrt{3}})}=\frac{\tau_i}{\tau_j}. \quad (17)$$

Для каждой пары экспериментальных точек определение равновесной концентрации C_p состоит в подгонке левой части (17) под правую путем пошагового увеличения численного значения C_p до тех пор, пока результат вычислений левой части не приблизится к отношению τ_i/τ_j. При необходимости в области приближенного равенства сравниваемых величин шаг варьирования

C_p можно сокращать и вообще пользоваться специальными алгоритмами, например методом половинного деления.

При выборе парных точек следует соблюдать вполне очевидное требование по условию, чтобы при $\tau_i > \tau_j$ было $C_i > C_j$, которое может нарушаться в эксперименте для некоторых точек из-за погрешности опытных определений, особенно при приближении к равновесной концентрации. Поэтому проведение опытов даже целесообразно *вдали от насыщения раствора*, что делает подобный эксперимент экономным и в чем состоит принципиальное преимущество метода РКА: равновесная концентрация определяется «на кончике пера», а точнее, по команде «пуск программы». При этом столь же оправдано и некоторое недоверие к данным для начальной стадии процесса, в которой роль скорости обратной реакции может оказаться практически незначимой при обязательности ее учета в моделях РКА. К тому же при идентификации диффузионных моделей начальные точки, как правило, должны исключаться, так как относятся к кинетическому режиму процесса, и в этой области применение диффузионных моделей будет некорректным.

Если имеется *m* экспериментальных результатов, то число неповторимых сочетаний из *m* по 2 будет равно:

$$C_m^2 = \frac{m!}{2!(m-2)!}.$$

$$(18)$$

Например, при наиболее экономном проведении эксперимента с пятью независимыми определениями концентрации $C_5^2 = 10$. При большем числе точек и в общем случае достаточно эффективным оказывается последовательное попарное использование результатов опытов в порядке τ_i, C_i; τ_{i+1}, C_{i+1}.

Найденные значения C_p для каждой пары затем усредняются и проверяются на статистическую однородность, например по критерию Налимова, для подтверждения представительности среднего значения C_p.

Далее это значение вводится в формулу (16), которая используется для определения *n*. Если обозначить левую часть как *Z*, то получается уравнение прямой, выходящей из начала координат:

$$Z = n\tau. \tag{19}$$

Длятакой прямой метод наименьших квадратов редуцируется до формы:

$$n = \frac{\sum\limits_{i=1}^{m} Z_i}{\sum\limits_{i=1}^{m} \tau_i} \tag{20}$$

После расчета среднего значения *n* оно подставляется в (16), что вместе с веденной туда величиной C_p позволяет использовать данное уравнение изотермы для построения аналитической зависимости *C=f(τ)* путем расчета *τ* через *C*, а не наоборот, как обычно делается при чисто статистической аппроксимации данных. В этом случае, конечно, остается возможность применения численных методов определения текущей концентрации по заданному значению *τ* с целью расчета коэффициента корреляции с экспериментальными величинами *C*. Но и полученная форма уравнения (16) удобна тем, что по ней можно непосредственно вычислить необходимую продолжительность процесса для достижения заданной концентрации растворяющегося вещества. Что касается коэффициента корреляции, то его можно рассчитывать не по концентрации, а по продолжительности опыта, подставляя в *Z* экспериментальные значения концентрации и находя расчетные величины продолжительности, которые и подлежат сравнению с заданной продолжительностью в каждом опыте. Математически такие корреляции по аргументу или по функции идентичны с учетом их принципиальной обратимости.

Также отмечены некоторые особенности использования моделей РКА при их идентификации, связанные как со структурой этих моделей, так и с источниками разброса данных при расчете равновесной концентрации.

Прежде всего, при поисковой процедуре нахождения C_p нельзя задавать значение $C_p=C_э$, т.е. в точности равное экспериментальному значению при τ_i или τ_j. В этом случае становится возможным $a=x$, вследствие чего разность $a - x_i$ или $a - x_j$ будет равна нулю и в (17) соответствующие дроби обратятся в бесконечность. Если зафиксировать эти особенности на поисковой кривой Z_i/Z_j – C_p, то в этих точках будет наблюдаться разрыв функции. В остальных случаях, даже при поисковом значении C_p меньше любого текущего значения C_i или C_j, вычисление Z_i/Z_j вполне возможно, хотя и лишено смысла ввиду очевидного условия $C_p > C$ вдали от равновесия. Однако это условие не вполне очевидно при сопоставлении C_p с экспериментальными значениями текущей концентрации, если они находятся в зоне обычной 5% ошибки опытных данных и получены с завышением.

Вообще анализ всех парных сочетаний опытных данных и необходимость усреднения полученных при этом величин C_p диктуется именно неизбежной ошибочностью исходных данных. Каждая экспериментальная точка чисто качественно может принимать заниженное, равное или завышенное значения относительно истинной величины текущей концентрации. Таким образом, две сравниваемые точки потенциально содержат шесть вариантов строгости исходных данных, из которых сочетанием по два из шести получается:

$$C_6^2 = \frac{6!}{2!(6-2)!} = 15$$

вариантов различных их комбинаций, куда входят и регулярно завышенные, и регулярно заниженные, и случайно строгие, и односторонне завышенные или заниженные, и максимально различные или максимально близкие парные значения.

Этим вызывается неизбежный разброс поисковых значений равновесной концентрации и необходимость статистического анализа однородности полученного массива C_p. При этом основанием для исключения некоторых значений C_p из расчетного массива может быть не только статистическая «инородность» выскакивающих результатов, но и противоречие физическому смыслу. Так, для всего изотермического массива данных по текущей концентрации таким ограничением может быть предпоследнее значение, ниже которого расчетное значение C_p в любых парных вариантах должно быть отброшено. Наверняка подобное занижение вызвано либо неудачным сочетанием ошибочности парных точек, либо включением точки, относящейся к иной области лимитирования химического процесса, требующей использования другой модели РКА.

После определения статистически достоверного значения C_p и затем коэффициента n по (19) возможен расчет величины D/δ из $n = \dfrac{m_0 D}{r_0 \rho \delta}$ по известным m_0, r_0 и ρ. Все расчеты повторяются для других изотерм, откуда по соответствующим D/δ можно найти энергию активации диффузии исходя из выражения:

$$\frac{D}{\delta} = A_0 e^{-\frac{E}{RT}}, \tag{21}$$

где: A_0 – фактор частоты и размерности коэффициента диффузии. В координатах $\ln \dfrac{D}{\delta} - \dfrac{1}{T}$, уравнение (21) становится прямолинейным относительно этих переменных, откуда по коэффициенту пропорциональности находится величина энергии активации.

Все вышеизложенное относится и к другим моделям РКА, рассмотренным в [1], с учетом их специфики, в частности с определением константы скорости обратной реакции k_2 вместо коэффициента диффузии и извлечением термодинамической информации при комбинировании с равновесной концентрацией C_p с учетом стехиометрии реакции, расчетом константы равновесия, энергии Гиббса, энтальпии и энтропии.

Определение термодинамических характеристик возможно и по данным, полученным по диффузионной модели, так как находимая при этом равновесная концентрация вообще не зависит от какого-либо режима протекания процесса. Если рассматривается процесс растворения вещества, то достаточно знать исходную мольную концентрацию растворителя, чтобы по найденной равновесной концентрации растворенного вещества в соответствии со стехиометрией реакции и материальному балансу растворения рассчитать равновесную концентрацию растворителя. Далее находится константа равновесия для каждой температуры, затем по уравнению Вант-Гоффа – энергия Гиббса, а по уравнению Гиббса-Гельмгольца – энтальпия и энтропия процесса. При достаточном числе изотерм можно найти и температурную зависимость теплоемкости в том или ином приближении по уравнению Майера-Келли.

Таким образом, при соблюдении рассмотренных особенностей и ограничений, связанных с обработкой температурно-временных экспериментальных зависимостей для текущей концентрации по методу РКА, можно с достаточной полнотой извлекать интересующую равновесную и кинетическую информацию по изучаемому процессу.

Однако метод РКА был разработан для модельных реакций разного порядка и основных разновидностей диффузии с проверкой только на чистых веществах [1, 2, 5, 6]. Для смесей веществ требуется уточнение этого метода, особенно в отношении учета только активной части поверхности растворяющегося вещества.

2. Процедуры расчетов по методу равновесно-кинетического анализа на примере растворения обожженного чернового медносульфидного концентрата из забалансовой руды

Известно, что все кислородные и сульфатные соединения растворяются в серной и соляной кислотах. Поэтому изучению возможности технологического применения обработки кислотами для извлечения меди из рудного сырья было уделено значительное внимание. Исследование проводили с серной кислотой как легко транспортируемой, а также из-за высокого извлечения меди в кислые растворы, поскольку идет растворение оксидов железа, с которыми медь тесно связана.

При исследованиях использовали обожженный черновой концентрат (огарок) забалансовой руды Анненского месторождения. Плотность измельченного дисперсного огарка составила 2,65 г/см^3, насыпная масса 0,72 г/см^3. Результаты минералогического состава огарка приведены в таблице 1.

Расчет теоретической зависимости $\alpha_{Cu,Fe} - \tau$, первоначально проводили для сравнений в последствие с методом РКА по уравнению Колмогорова-Ерофеева [7], широко применяемому к реакциям с участием твердых веществ и допускающему полное превращение вещества, т.е. проходящих в необратимых условиях:

$$\alpha = 1 - e^{-k\tau^n} \tag{22}$$

где: α – доля прореагировавшего вещества; k – обобщенная константа скорости реакции, мин$^{1/n}$; τ – продолжительность процесса, мин; n – обобщенный порядок топохимического процесса, безразмерный.

По отношению к исследуемым реакциям такое допущение может быть оправдано присутствием труднорастворимых соединений меди и железа, ввиду чего в раствор может полностью переходить легко растворимая часть и процесс заканчивается вдали от равновесного состава раствора.

Таблица 1 - Минералогический состав пробы обожжённого чернового флотационного концентрата Анненского рудника, полученный при проведении рентгеноструктурного анализа

Наименование минерала	Химическая формула
Кварц	SiO_2
Тенорит	CuO
Халькантит	$CuSO_4$
Куприт	Cu_2O
Гематит	Fe_2O_3
Парамелаконит	Cu_4O_3
Феррит меди	$CuFe_2O_4$
Борнит	Cu_5FeS_4
	$(Cu_5FeS_4)_{0,5}$
Делафоссит	$CuAlO_2$

После двойного логарифмирования (22) получается зависимость:

$$ln[-\ln(1 - \alpha)] = lnk + nln\tau. \qquad (23)$$

Это выражение можно отождествить с уравнением прямой: $y = a + вx$, обозначив $y = \ln[-\ln(1-\alpha)]$, $a = \ln k$, $в = n$; $x = \ln \tau$.

При определении точности уравнения, для проверки его адекватности использовали коэффициент нелинейной множественной корреляции R [8] и его значимость t_R [9], которые выражаются следующими формулами:

$$R = \sqrt{1 - \frac{(n-1)\sum_{i=1}^{n}(y_{э,i} - y_{p,i})^2}{(n-k-1)\sum_{i=1}^{n}(y_{э,i} - \bar{y}_{э,ср})^2}},$$

$$t_R = \frac{R\sqrt{n-k-1}}{1-R^2} > 2,$$

где: $y_{э,i}$ – экспериментальное значение;

$y_{p,i}$ – расчетное значение;

$y_{э,ср}$ – среднее экспериментальное значение;

15

n – число независимых (не повторных) экспериментальных данных;

k – число действующих факторов;

(n-1) – число степеней свободы дисперсии воспроизводимости;

(n-k-1) – число степеней свободы дисперсии адекватности.

Кинетические исследования процесса выщелачивания обожженного чернового медносульфидного концентрата проводились в следующих условиях: навеска с содержанием в ней 5,24% Cu, 3,64% Fe, средняя крупность частиц огарка -0,1 мм, соотношение Ж:Т = 5:1, температура 25–80 ℃ и продолжительность опыта 2,5–120 мин. Изучение проводили с перемешиванием на магнитной мешалке в термостатированной ячейке в сернокислом растворе с концентрацией 120 г/л [10, 11]. Полученные результаты экспериментов по растворению меди и железа приведены в таблицах 2, 3 и на рисунке 1.

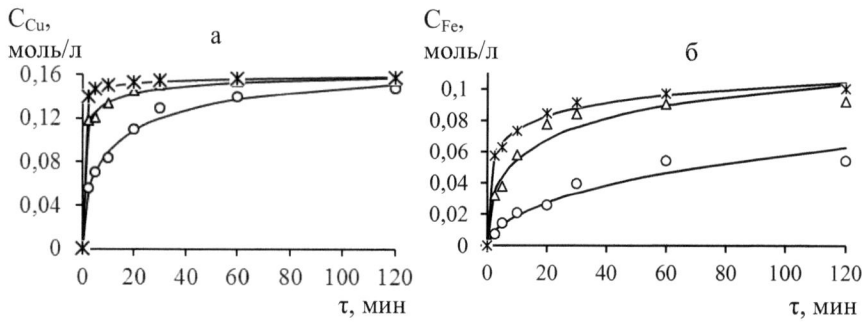

Точки – экспериментальные данные; линии – по уравнениям:

а – для меди (24, 26, 28), б – для железа (25, 27, 29)

Рисунок 1 - Зависимости извлечения меди и железа в раствор

от времени при различных температурах

(снизу вверх): 25, 60, 80 ℃

Таблица 2 - Экспериментальные (э) и расчетные (р) данные по содержанию (С) и извлечению (α) меди в раствор

t, °C	25				60				80			
	α, д.е.		С, моль/л		α, д.е.		С, моль/л		α, д.е.		С, моль/л	
τ, мин	э	р	э	р	э	р	э	р	э	р	э	р
2,5	0,3373	0,3347	0,0556	0,0552	0,7149	0,7054	0,1179	0,1163	0,8466	0,8625	0,1396	0,1422
5	0,4242	0,4304	0,0699	0,0709	0,7266	0,7624	0,1198	0,1257	0,8874	0,8831	0,1463	0,1456
10	0,5034	0,5403	0,0830	0,0891	0,8106	0,8155	0,1337	0,1345	0,9072	0,90187	0,1496	0,1487
20	0,6634	0,6582	0,1094	0,1085	0,8785	0,8630	0,1449	0,1423	0,9237	0,9188	0,1523	0,1515
30	0,7830	0,7266	0,1291	0,1198	0,9108	0,8876	0,1502	0,1464	0,9362	0,9278	0,1544	0,1530
60	0,8463	0,8332	0,1396	0,1374	0,9285	0,9235	0,1536	0,1523	0,9410	0,9418	0,1556	0,1553
120	0,8912	0,9157	0,1469	0,1510	0,9362	0,9513	0,1544	0,1569	0,9463	0,9538	0,1570	0,1573

Таблица 3- Экспериментальные (э) и расчетные (р) данные по содержанию (С) и извлечению (α) железа в раствор

t, °C	25				60				80			
	α, д.е.		С, моль/л		α, д.е.		С, моль/л		α, д.е.		С, моль/л	
τ, мин	э	р	э	р	э	р	э	р	э	р	э	р
2,5	0,0555	0,0672	0,00723	0,00896	0,2452	0,2607	0,03197	0,03408	0,4416	0,4418	0,05755	0,05758
5	0,1096	0,0997	0,01428	0,01311	0,2903	0,3336	0,03784	0,04352	0,4816	0,5027	0,06279	0,06553
10	0,1605	0,1467	0,02092	0,01903	0,4436	0,4202	0,05782	0,05473	0,5617	0,5671	0,07323	0,07392
20	0,1984	0,2129	0,02587	0,02728	0,5948	0,5192	0,07753	0,06753	0,6489	0,6334	0,08459	0,08256
30	0,3041	0,2625	0,03964	0,03342	0,6457	0,5811	0,08417	0,07554	0,7098	0,6722	0,09138	0,08762
60	0,4163	0,3685	0,05426	0,04648	0,6957	0,6893	0,09041	0,08954	0,7448	0,7373	0,09709	0,09611
120	0,4168	0,5003	0,05433	0,06272	0,7108	0,7919	0,09198	0,1028	0,7685	0,7985	0,1002	0,1041

Из рисунка 1 видно, что растворение меди идет с максимальной скоростью в начальный период (до 25 мин), далее в течение 60 – 120 мин процесс сильно замедляется (с извлечением меди на 90 – 94%). Оставшаяся в кеке медь, по-видимому, входит в состав труднорастворимых соединений, таких как сульфид меди, ее силикатные минералы, а также ферриты меди (табл.1). Но вполне вероятно, что процесс останавливается из-за приближения состава раствора к равновесному состоянию, так как реакция растворения не сопровождается удалением продуктов из раствора.

В этих условиях выщелачивалось также железо, но в сравнительно меньшем количестве, чем медь. В процессе сернокислотной переработки авторами [12] представлены данные, полученные по извлечению железа в раствор в зависимости от температуры обжига, где максимальный перевод железа в растворимую форму достигается при температуре 400 °C. В работе [13] изучали процесс выщелачивания забалансовых руд, где вначале, в основном, извлекалась медь. Подобное наблюдается и в наших исследованиях.

По зависимости $\ln[-\ln(1-\alpha)]$ от $\ln\tau$ были вычислены значения **n** и k для извлечения меди и железа при трех температурах:

для 25 ^{0}C

$$\alpha_{Cu} = 1 - e^{-0,2659\tau^{0.4659}} \text{, R=0,9885, t}_R = 96,77 > 2, \tag{24}$$

$$\alpha_{Fe} = 1 - e^{-0,0404\tau^{0.5939}} \text{, R=0,9428, t}_R = 18,98 > 2, \tag{25}$$

для 60 ^{0}C

$$\alpha_{Cu} = 1 - e^{-0,9864\tau^{0.2339}} \text{, R=0,9720, t}_R = 39,43 > 2, \tag{26}$$

$$\alpha_{Fe} = 1 - e^{-0,2046\tau^{0.4257}} \text{, R=0,9469, t}_R = 20,49 > 2, \tag{27}$$

для 80 ^{0}C

$$\alpha_{Cu} = 1 - e^{-1,7884\tau^{0.1133}}, \text{R= 0,9640}, t_R = 30,52 > 2, \tag{28}$$

$$\alpha_{Fe} = 1 - e^{-0,4589\tau^{0.2611}}, \text{R=0,9815}, t_R = 59,810 > 2. \tag{29}$$

Из полученных уравнений для извлечения меди при 25-80 °C следует, что показатель степени **n** меньше единицы и близок к 0,5. Это указывает на диффузионный режим протекания процесса [14].

В основу большинства экспериментальных методов определения кинетических характеристик химических процессов (констант скорости, энергии активации, порядка реакции) положены уравнения для необратимых реакций, соответствующих формальным основам уравнения Аррениуса. Скорость раскрывается, как обычно, в виде

$$-\frac{dC_{uc}}{d\tau} = KFC_{uc}^n = A_0 \cdot e^{-\frac{E}{RT}} \cdot FC_{uc}^n, \tag{30}$$

где: A_0 – предэкспоненциальный множитель (фактор частоты); E – эффективная энергия активации топохимического процесса, Дж/моль; $R^/$ – универсальная газовая постоянная, равная 8,314 Дж / (моль·K); T – абсолютная температура, К; F – площадь поверхности реагирования, м^2; C – концентрация исходного вещества; **n** – порядок реакции по исходному веществу.

Иногда обобщенную константу скорости k в уравнении Колмогорова-Ерофеева связывают с истинной константой скорости К, как в [15, 16]:

$$\text{К}= k/n. \tag{31}$$

Прямая обработка данных по k (0,2659, 0,9864, 1,7884) для меди в координатах $\ln k - 1/T$ на уравнение прямой $y = a + вx$ с отождествлением $в = -E/R^/$ дает значение $E =30,397$ кДж/моль с коэффициентом нелинейной множественной корреляции R = 0,9998, $t_R = 2333,0 > 2$. Эта величина, также как и порядок процесса, указывает на диффузионный режим протекания процесса

19

выщелачивания меди из огарка. Для железа k (0,04041, 0,2046, 0,4589), значение E = 38,577 кДж/моль с R = 0,9999, t_R=8064,0>2 .

Обработка k для меди по (31) на уравнение прямой с отождествлением $в = -E/R^/$ дает значение E =51,94 кДж/моль с R = 0,9933, t_R = 74,770 >2, что также находится в пределах лимитирования процесса диффузией. Для железа по (31) E = 50,858 кДж/моль с R = 0,9932, t_R=72,980 > 2,

Более строгий анализ уравнения (22) для определения энергии активации непосредственно по скорости процесса изложен в [17] с обеспечением сравнения скоростей при одинаковой степени реагирования α:

$$\frac{d\alpha}{d\tau} = kn\tau^{n-1}\exp(-k\tau^n). \tag{32}$$

Обращением переменных τ на α в (22) получаем зависимость:

$$\tau = \left[-\frac{\ln(1-\alpha)}{k}\right]^{1/n}, \tag{33}$$

подстановкой которой в (32) находится уравнение скорости:

$$\frac{d\alpha}{d\tau} = nk^{1/n}(1-\alpha)\left[-\ln(1-\alpha)\right]^{1-\frac{1}{n}}, \tag{34}$$

обеспечивающее вычисление ее при постоянном заданном значении степени превращения, а значит и концентрации вместе с площадью поверхности раздела фаз. Это позволяет обрабатывать уравнение (34) в аррениусовых координатах $\ln\frac{d\alpha}{d\tau} - 1/T$ и рассчитывать скорость для каждой изотермы с их величинами k и n при определенном значении α. В нашем случае для меди α задана равной 0,783 для определения режима прохождения процесса в развитой его стадии.

Полученные из уравнения (34) значения скорости процесса для трех температур (25, 60, 80 °C), при которых значения $\frac{d\alpha}{d\tau}$ закономерно повышаются (0,003621, 0,01194, 0,1507), перевели в аррениусовые координаты с построением прямолинейной зависимости. По данной зависимости нашли величину кажущейся энергии активации. Последняя составила 54,591 кДж/моль (R = 0,8313, t_R = 2,691 > 2), что указывает на внутридиффузионный характер

20

лимитирующей стадии процесса, который может быть вызван затруднением миграции раствора к центру частиц.

Для железа α =0,17, скорость процесса (0,004905; 0,02513; 0,02852) кажущейся энергия активации составила E = 29,688 кДж/моль (R = 0,9226; t_R = 6,203 > 2).

Обращает внимание близость значений энергии активации, полученных при обработке данных по уточненной константе скорости K=k/n и непосредственно по скорости процесса с гарантией постоянства степени превращения при сравниваемых температурах. При этом предпочтение следует отдать второму способу, поскольку упомянутых гарантий в первом из них не содержится.

Однако в любом случае обработка по уравнению Колмогорова-Ерофеева велась в предположении возможности полного превращения вещества. На самом деле из полученных данных видно, что оно практически заканчивается задолго до α = 1, особенно для железа. В этом случае целесообразно воспользоваться методом, в котором учитывается торможение процесса обратной реакцией, т.е. стремлением к равновесной концентрации.

Как было показано выше, растворение соединений меди и железа является гетерогенной реакцией, и на скорость процесса оказывает влияние площадь поверхности раздела фаз, входящая в уравнение формальной кинетики (30). Для сферической частицы радиусом r_0 поверхность реагирования будет уменьшаться в соответствии с возрастанием концентрации продукта реакции в растворе. Для расчета зависимости поверхности растворения сферической частицы применили формулу (5).

В этой формуле (5) отношение $\dfrac{3m_0}{r_0\rho}$ показывает площадь поверхности всех частиц (м^2) в массе m_0, в кг, разность в скобках $1-\dfrac{M}{m_0}\cdot WC$ выражает оставшуюся долю непрореагировавшего вещества. Исходная поверхность растворимой части огарка выразится как

$$F_{0,p} = \frac{3m_p}{r_0 \rho_{cp}} \cdot ,$$

где m_p - масса растворимой части огарка. Тогда площадь поверхности растворимой части огарка к моменту τ при концентрации вещества C будет подчинена уравнению (для меди)

$$F_p = \frac{3m_p}{r_0 \rho_{cp}} \left(1 - \frac{M}{m_{Cu}} WC \right)^{2/3} .$$

(35)

где: F_p – поверхность растворяющейся части при переменной C; $r_0 = 1{,}1 \cdot 10^{-4}$ м; $W = 0{,}025$ л; $m_p = 1{,}3$ г (полностью растворимого вещества); $m_{Cu} = 0{,}262$ г; C – концентрация меди при изменении продолжительности в моль/л из таблицы 2; ρ_{cp} – средняя плотность огарка (2650 кг/м^3).

С учетом того что происходит синхронный переход меди и железа в раствор (рисунок 1), возможен учет степени их растворения по изменению мольной концентрации меди в растворе (C), а исходной массы растворимого вещества в огарке – по сумме содержаний $CuSO_4$, Fe_2O_3. Эту сумму с учетом неполной растворимости некоторых веществ, например, соединений, содержащих железо, можно оценить по разности масс огарка и предельно малой массы кека (при $t = 80$ °C, $\tau = 120$ мин). Рассчитанные значения поверхности реагирования для трех температур представлены в таблице 4 с учетом экспериментальных и расчетных точек по уравнениям (24, 26, 28) [18].

Для более наглядной картины зависимости поверхности реагирования огарка возможно также рассчитать относительное изменение этой поверхности по формуле:

$$\alpha_F = \frac{F_p}{F_{0,p}},$$

(36)

где: α_F – относительное изменение площади поверхности огарка, д.е., $F_{0,p}$ – исходная площадь поверхности растворимой части огарка, равная 0,01502 м^2.

Результаты расчета представлены в таблице 5 и на рисунке 2.

Таблица 4 – Результаты расчета поверхности реагирования огарка с прямым учетом экспериментальных данных по $C_{Cu} - F_p$, м^2, э, и с учетом данных C_{Cu}, рассчитанных по уравнениям (24), (26), (28) – F_p, м^2 для исходной массы растворимой части

t, ^{0}C	25		60		80	
τ, мин	F_p, м^2, э	F_p, м^2, (24)	F_p, м^2, э	F_p, м^2, (26)	F_p, м^2, э	F_p, м^2,(28)
0	0,01502	0,01502	0,01502	0,01502	0,01502	0,01502
2,5	0,01142	0,01145	0,006509	0,006656	0,004309	0,004009
5	0,01040	0,01033	0,006332	0,005768	0,003511	0,003598
10	0,009423	0,008949	0,004954	0,004869	0,003083	0,003203
20	0,007271	0,007349	0,003685	0,003997	0,002710	0,002823
30	0,005429	0,006332	0,003002	0,003499	0,002401	0,002609
60	0,004309	0,004555	0,002521	0,002710	0,002215	0,002262
120	0,003435	0,002893	0,002401	0,002004	0,001987	0,001937

Таблица 5 – Результаты расчета относительного изменения поверхности реагирования огарка с учетом экспериментальных точек – F, м^2, Э, и с учетом рассчитанных – F, м^2

t, ^{0}C	25		60		80	
τ, мин	α_F, м^2, Э	α_F, м^2, (24)	α_F, м^2, Э	α_F, м^2, (26)	α_F, м^2, Э	α_F, м^2,(28)
0	1	1	1	1	1	1
2,5	0,7604	0,7622	0,4333	0,4431	0,2869	0,2669
5	0,6926	0,6877	0,4216	0,3840	0,2337	0,2395
10	0,6274	0,5958	0,3298	0,3241	0,2053	0,2132
20	0,4841	0,4893	0,2453	0,2661	0,1804	0,1879
30	0,3614	0,4215	0,1998	0,2329	0,1598	0,1737
60	0,2869	0,3033	0,1678	0,1804	0,1475	0,1506
120	0,2287	0,1926	0,1598	0,1334	0,1323	0,1289

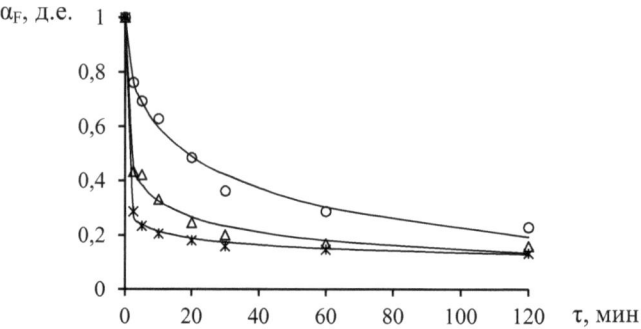

Точки – по экспериментальным данным α_F, м^2, Э;

линии – по расчетным α_F, м^2

Рисунок 2 – Зависимость относительного изменения площади поверхности

реагирования огарка при температурах (снизу вверх): 25, 60, 80 °C

Для РКА растворения обожженного чернового медного концентрата использовали внешнедиффузионную модель [5] (16). Для дальнейших процедур левая часть (16) обозначается как Z.

При растворении огарка в раствор помимо меди также переходит и железо, поэтому для учета только активной части поверхности частиц, связанной с растворением контролируемого вещества, необходимо в исходной массе навески сделать поправку на содержание только этого вещества. При этом коэффициент*а*в модели (16) примет вид:

$$a = \frac{MW}{m_0 \beta},\qquad(37)$$

где: M – молекулярная масса компонента, г; W – объем раствора; m_0 – исходная навеска; β – массовая доля компонента в огарке, д.е.

В этом состоит отличие моделей растворения смеси веществ и индивидуальных, для которых содержание растворяющегося вещества не учитывается и $\beta = 1$.

Обработка температурно-временных экспериментальных данных для решения (16) относительно равновесной концентрации велась с использованием случайно-поисковой процедуры по парным экспериментальным точкам с перебором всех их сочетаний [19, 20]. Из экспериментальных данных таблицы 2 сочетанием по два из семи получается число комбинаций

$$C_7^2 = \frac{7!}{2!(7-2)!} = 21,$$

т.е. проводили 21 расчет по каждой неповторяющейся паре экспериментальных значений. Для каждой изотермы первое поисковое значение равновесной концентрации задавалось ниже первого экспериментального значения текущей концентрации, чтобы выявить характер изменения Z_i/Z_j по мере возрастания поисковых значений равновесной концентрации. При этом в точках, где C_P равно C_i или C_j, наблюдается разрыв, что диктует запрет на это равенство, и это учтено в алгоритме расчетов. Несмотря на сложный вид этой зависимости для конкретной задачи по растворению меди и железа всегда можно найти такое Z_i/Z_j, которое соответствует величине $\tau_i/\tau_j.$ Полученные результаты для меди и железа приведены в таблице 6.

Для создания программной системы «РКА» была использована визуальная среда программирования Delphi 7 с выводом результатов в Microsoft Excel.

Далее найденное значение (средняя равновесная концентрация C_P, ср) вводится в уравнение (16), которая используется для определения n_D. С учетом того, что левая часть (16) обозначена как Z, получается уравнение прямой, выходящей из начала координат $Z = n_D \tau$.

Дальнейшая обработка данных сводится к определению константы скорости внешней диффузии k_D с использованием найденного набора Z_i и постоянного для всех вариантов набора τ_i, мин (табл. 7) по формуле:

$$k_D = \frac{\sum Z_i}{\sum \tau_i} / \frac{m_0}{r_0 \rho_{cp}}. \tag{38}$$

Таблица 6 - Результаты расчетов равновесной концентрации меди C_p, моль/л при температурах 25, 60, 80 °С. Прочерки относятся к несовместимым сочетаниям i/j

i/j \ t, °С	C_p для Cu			C_p для Fe		
	25	60	80	25	60	80
1/2	-	-	-	-	-	-
1/6	-	-	-	0,05787	-	-
1/7	-	-	-	0,05450	-	-
2/4	-	-	-	-	0,09223	-
2/6	-	-	-	0,05702	-	-
2/7	-	-	-	0,05444	-	-
3/7	0,1488	-	-	0,05469	0,09199	-
4/5	0,1492	-	-	-	-	-
4/7	-	-	-	0,05642	0,09199	0,1002319
5/7	0,1479	-	0,1570	0,05484	0,09199	0,1002517
6/7	0,1491	0,1544	0,1571	-	0,09202	0,1004673
C_p, ср	0,1488	0,1544	0,1571	0,05568	0,09204	0,1003

Расположение данных из таблицы 7 в координатах Z - τ приведено на рисунке 3.

Таблица 7 - Результаты расчета Z_i и константы скорости внешней диффузии k_D для меди и железа

компонент	Z_i, Cu			Z_i, Fe		
τ_i, мин	25 °С	60 °С	80 °С	25 °С	60 °С	80 °С
2,5	0,03816	0,1213	0,1978	0,032613	0,06930	0,1316
5	0,05447	0,1281	0,2808	0,070939	0,08797	0,1564
10	0,07393	0,2014	0,3535	0,115184	0,18069	0,2235
20	0,1401	0,3479	0,4579	0,155508	0,3907	0,3512
30	0,2589	0,5458	0,6057	0,329294	0,5635	0,5019
60	0,4273	1,03879	0,7908	1,09711	1,0545	0,8052
120	0,8894	2,07765	1,7627	1,11372	2,1127	1,8177
n_D	0,007606	0,01802	0,01798	0,011775	0,01802	0,0161
k_D, мин$^{-1}\times$м$^{-2}$	0,4635	1,0986	1,0957	0,7177	1,0982	0,9819

26

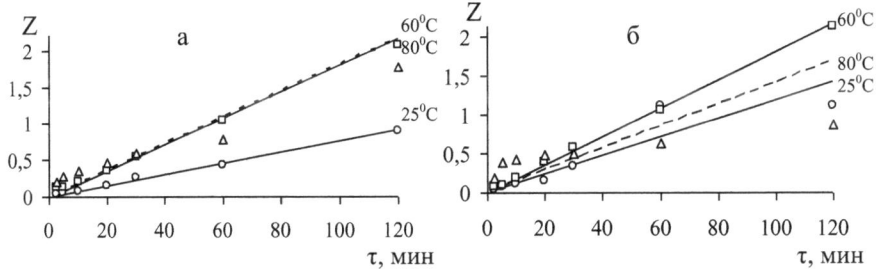

Точки – эксперимент; линия – по уравнению $Z = n_D \times \tau$;

а – для меди; б – железа

Рисунок 3 – Зависимости Z от продолжительности при

различной температуре: (снизу вверх) 25, 80, 60 °C

Из данных рисунка 3 видно, что изотерма для 80 °C располагается ниже, чем для 60 °C (для меди и железа). Такое размещение указывает на существенное изменение механизма процесса при температуре 80 °C. Изменение может быть вызвано образованием вторичных твердых продуктов за счет перехода в раствор других компонентов, находящихся в огарке. Очевидно, это приводит к сильному отклонению при расчете Z_i (табл. 7) и соответственно к искажению значения k_D для этой температуры.

По найденным значениям константы скорости внешней диффузии для двух закономерно влияющих температур 25 и 60 °C рассчитывается кажущаяся энергия активации процесса по уравнению Аррениуса, то есть путем нахождения коэффициента $в = -E/R'$ откуда находим E = 14,683 кДж/моль, E = 10,026 кДж/моль для меди и железа соответственно. Эта величина свидетельствует о диффузионном режиме протекания процесса выщелачивания меди из огарка.

Из уравнения (19) следует, что $\tau = Z/n$, из этого получаем расчетные значения τ, и C_i, которые представлены в таблице 8.

Таблица 8 - Экспериментальные (э) и расчетные (р) данные продолжительности растворения меди с оценкой их адекватности

τ, мин, (э)	τ, мин, (р), 25 °C	τ, мин, (р), 60 °C	τ, мин, (р), 80 °C
2,5	5,0174	6,7296	11,0054
5	7,1624	7,1055	15,6224
10	9,7207	11,1741	19,6668
20	18,4262	19,3042	25,4733
30	34,0484	30,2854	33,6930
60	56,1803	57,6324	43,9865
120	116,9445	115,2687	98,0525
R	0,9970	0,9971	0,9185
t_R	368,20>2	379,70>2	13,130>2

Полученные данные свидетельствуют о высокой адекватности использованной модели РКА для внешней диффузии (25 и 60 °C) и корректности учета активной поверхности растворяющейся меди по ее содержанию (доле) в огарке, β. Периодическое завышение экспериментальных точек против расчетной зависимости на начальных стадиях процесса вызвано закономерным протеканием процесса в этой области в кинетическом режиме вплоть до начала лимитирования диффузионным затруднением.

Для определения термодинамических характеристик рассчитываем исходную мольную концентрацию растворителя, т.е. серной кислоты (120 г/л), которая в данном случае будет общей для всех компонентов. В соответствии с материальным балансом имеем:

$$C_{p,H_2SO_4} = C_{ucx,H_2SO_4} - C_{p,Cu} - 1/2 C_{p,Fe} . \qquad (39)$$

В этом случае учитывается, что на два моля железа расходуется только один моль кислоты, т.е. полмоля кислоты на моль железа.

Зная равновесную концентрацию серной кислоты для каждой температуры, рассчитываем K_p:

$$K_p = \frac{C_{p,Cu}}{C_{p,H_2SO_4}}, \quad K_p = \frac{C_{p,Fe}^2}{C_{p,H_2SO_4}}, \tag{40}$$

соответственно $C_р$ подставляем для каждой температуры.

По уравнению Вант-Гоффа рассчитываем энергию Гиббса по формуле:

$$\Delta G_T^0 = -RT \ln K_p, \tag{41}$$

полученные значения приведены в таблице 9.

Таблица 9 - Результаты равновесно-кинетического анализа процесса растворения обожженного продукта в сернокислом растворе

Компо-нент	T, K	C_P, моль/л	n_D	k_D мин$^{-1}$× м$^{-2}$	E, кДж/моль	K_p	lnK_p	ΔG°_T, кДж/моль
Cu	298	0,1488	0,007606	0,4636	14,683	0,1420	-1,9519	4,836
	333	0,1544	0,01802	1,0986		0,1474	-1,9148	5,301
	353	0,1571	0,01798	1,0957		0,1499	-1,8978	5,569
Fe	298	0,05568	0,01177	0,7177	10,026	0,002959	-5,8228	14,426
	333	0,09205	0,01802	1,0982		0,008086	-4,8177	13,338
	353	0,1003	0,01611	0,9812		0,009604	-4,6456	13,634

На основании полученных данных можно приближенно оценить средние значения энтальпии и энтропии реакции по уравнению Гиббса-Гельмгольца:

$$\Delta G_T^0 = \Delta H_{cp}^0 - T\Delta S_{cp}^0. \tag{42}$$

Обработкой данных на уравнение прямой находим средние значения ΔH_{cp}^0 и ΔS_{cp}^0 (табл. 10).

Данные таблицы 10 свидетельствует о преимущественном сдвиге равновесия реакции в сторону образования ее продуктов. Положительное значение ΔH_T^0 показывает, что реакция идет с поглощением тепла. Зная значения энтальпии и энтропии процесса, возможно, рассчитать энергию Гиббса. Полученные результаты ΔG°_T с их проверкой на адекватность представлены в таблице 10.

29

Таблица 10 - Средние значения энтальпии, энтропии и энергии Гиббса растворения меди и железа

Компонент	T, K	ΔH°_{cp}, кДж/моль	ΔS°_{cp}, Дж/моль	ΔG°_T, кДж/моль. (41)	ΔG°_T, кДж/моль. (42)
Cu	298	0,8655	-13,3	4,836	4,829
	333			5,301	5,294
	353			5,569	5,560
Fe	298	19,140	16,3	14,426	14,293
	333			13,338	13,684
	353			13,634	13,736
R				0,9989	
t_R				926,0>2	

2.1 Выводы

1. Изучена кинетика сернокислотного растворения обожженного чернового концентрата забалансовой руды Анненского месторождения.

2. Результаты опытов показали, что процесс растворения меди и железа практически прекращается через 120 минут при любых температурахстепень перехода меди на 95, а железа – на 75%.

3. Обработка данных проведена с использованием обобщенного уравнения химической кинетики Колмогорова-Ерофеева в расчете на полный переход вещества в сернокислый раствор. Коэффициенты нелинейной множественной корреляции опытных и расчетных данных составили для меди 0,96-0,99, а для железа 0,84-0,95.

4. На основании полученных уравнений для температур 25, 60 и 80 °C порядок процесса **n** оказался в пределах 0,1 – 0,6, что указывает на лимитирование процесса диффузией.

5. Энергию активации растворения определяли тремя способами: непосредственно по коэффициенту k в экспоненте, с пересчетом на «истинную» константу скорости К=k/n и путем преобразования уравнения Колмогорова-

Ерофеева в зависимость скорости процесса от температуры и степени реагирования. Последние два способа дают сопоставимые значения энергии активации, что указывает на предпочтительность более строгих методов кинетического анализа.

6. По физическим характеристикам огарка – плотности, насыпной массе, размеру частиц и содержанию растворимой массы, а также по динамике ее растворенияопределили суммарную площадь поверхности растворяющихся соединений меди и железа в начале и в каждой последующей стадии процесса. Эта площадь подвержена резкому уменьшению, с чем и связано уменьшение скорости растворения в полном соответствии с влиянием этого фактора в кинетике гетерогенных процессов. Это также указывает на предпочтительность таких методов кинетического анализа с определением энергии активации, в которых обеспечивается постоянство площади поверхности реагирования при вариации температуры.

7. Растворение обожженного чернового концентрата также изучено методом равновесно-кинетического анализа (РКА) с использованием в форме внешнедиффузионной модели. Полученные данные свидетельствуют об адекватности использованной модели РКА и корректности учета активной поверхности растворяющегося компонента по его содержанию (доле) в огарке, β, на что указывают высокие значения коэффициентов корреляции при аппроксимации каждой из изотерм.

8. Результаты РКА подтвердили выводы о сложности механизма выщелачивания обожженного чернового концентрата, в частности, о смене механизмов по мере протекания процесса растворения меди и железа в интервале температур 25-80 ºC, что отражается уменьшением кинетических констант. Энергия активации, найденная по уравнению Аррениуса, составила 14,683 и 10,026 кДж/моль для Cu, Fe соответственно. Все полученные величины энергии активации могут быть отнесены к внешнедиффузионному режиму [21]. Кроме того, растворение огарка начинается с поверхности зерен, затем развивается вглубь. Поскольку внешнедиффузионные затруднения были

устранены при перемешивании магнитной мешалкой, то диффузионные затруднения обусловлены наличием в огарке нерастворимых (в условиях эксперимента) спекшихся комочков, на распад которых требуется определенное время, а также присутствие в огарке почти нерастворимой формы частичек меди, заключенных в пустую пароду.

9. Константа равновесия растворяющихся металлов с повышением температуры закономерно увеличивается, однако стандартное изменение энергии Гиббса, рассчитанное по уравнению Вант-Гоффа, из-за сильного отклонения равновесных концентраций от стандартных условий (1 моль/л) в меньшую сторону оказывается в области положительных значений и свидетельствует о меньшей термодинамической вероятности.

10. Сравнение данных по энергии активации, полученных по уравнению Колмогорова-Ерофеева и методом РКА заметно различающихся по абсолютной величине Е, указывает на необходимость четкого определения условий процесса – неравновесных в случае применения уравнения Колмогорова-Ерофеева или при ограничении процесса приближением к равновесному составу в случае применения РКА.

3. Процедуры расчетов по методу РКА растворения обожженного чернового медно-молибденового сульфидного концентрата

Склонность молибдена к полимеризации определяется кислотностью водного раствора. По данным различных исследователей о составе полимерных комплексных ионов молибдена в растворе в зависимости от pH среды преобладающими являются либо анионные, либо катионные формы. При pH выше 7,5-7,0 (в зависимости от концентрации молибдена в растворе) существуют толькомолибдат-ионы MoO_4^{2-}; в интервале pH 7,0-6,5 до 2,5 происходит полимеризация с образованием сложных анионов $Mo_4O_{13}^{2-}$ (метамолибдат-ион), $Mo_7O_{24}^{6-}$ (парамолибдат-ион), $Mo_6O_{20}^{4-}$ (гексамолибдат-ион) и некоторых других. Эти ионы, по всей вероятности, гидратированы, т.е. представляют собой аквaполиионы. При pH меньше 2,5 начинается образование катионных комплексных ионов, находящихся в равновесии с анионными формами. Рядом авторов [22-25] были изучены формы существования анионных и катионных комплексов шестивалентного молибдена в зависимости от концентрации сернокислых растворов. Эти данные указывают на возможность образования сульфатных комплексов при pH меньше 1,0.

Поэтому, при выщелачивании огарка раствором серной кислоты возможно растворение триоксида молибдена приводит к образованию раствора сульфомолибденовой кислоты, из которого может быть выделен сульфангидрит $MoO_3 \cdot SO_3$ или сульфат молибденила MoO_2SO_4 [26], а также помимо растворения триоксида молибдена протекает реакция обменного разложения молибдатов меди и железа.

При проведении кинетических исследований процесса выщелачивания огарка от обжига молибденового концентрата соблюдались следующие условия: навеска с содержанием в ней 0,2936 г Mo, 0,4359 г Cu, 1,0412 г Fe, средняя крупность частиц огарка составляла 0,1 мм, соотношение Ж:Т=10:1, температура 20–80 ^{0}С и продолжительность опыта 2,5–120 мин [27]. Изучение проводили с перемешиванием на магнитной мешалке в термостатированной ячейке в сернокислом растворе с концентрацией 150 г/л. Полученные результаты экспериментов для извлечения молибдена, меди и железа в раствор, приведены на рисунке 4 и в таблицах 11-13.

Таблица 11 – Экспериментальные (С, э) в % и расчетные (С) по (43), (46), (49) данные для извлечения молибдена в раствор

t,^{0}C	20		45		80	
τ, мин	С, э	С	С, э	С	С, э	С
2,5	60,6487	59,5213	61,4983	64,1288	63,6877	65,4196
5	64,3249	65,5993	69,5369	70,5172	71,7916	72,4452
10	71,040	71,6282	77,1016	76,6605	81,5947	79,0786
20	75,4514	77,3794	84,2906	82,3299	84,9768	85,0258
25	81,6764	79,1603	86,3166	84,0128	87,8197	86,7577
40	82,9508	82,7057	89,6169	87,3132	90,5973	90,0254
80	87,5093	87,3949	90,5156	91,4469	92,1658	93,9140
120	89,4699	89,7804	91,2672	93,4402	95,9073	95,6459

Таблица 12 – Экспериментальные (С, э) и расчетные (С) в % по (44), (47), (50) данные для извлечения меди в раствор

t, ^{0}C	20		45		80	
τ, мин	С, э	С	С, э	С	С, э	С
2,5	68,4953	70,7000	75,1064	76,5817	90,004	90,7062
5	71,0902	75,7627	76,3018	81,5064	92,6050	91,8766
10	81,8925	80,5297	89,7866	85,9456	92,7030	92,9535
20	89,1452	84,8796	90,2140	89,7855	93,6720	93,9367
25	89,8306	86,1733	93,2990	90,8806	94,831	94,2334
40	90,0100	88,7077	94,4443	92,9518	94,9330	94,8269
80	90,5700	91,9385	94,6740	95,4214	95,5450	95,626
120	90,6200	93,5357	94,8960	96,5539	95,8500	96,0522

Таблица 13 – Экспериментальные (C, э) в моль/л и расчетные (C) по (45), (48), (51) данные для извлечения железа в раствор

t,^{0}С	20		45		80	
τ, мин	C, э	C	C, э	C	C, э	C
2,5	6,7784	6,8186	7,5535	7,2478	7,8003	7,6984
5	7,4463	7,1995	7,7038	7,7762	8,3368	8,3824
10	7,5294	7,5992	8,3073	8,3395	9,1066	9,1254
20	7,8540	8,0203	8,6909	8,9430	9,5358	9,9328
25	7,9613	8,1624	8,8384	9,1442	10,2601	10,2064
40	8,5889	8,4656	9,6136	9,5868	11,2284	10,8046
80	8,9296	8,9350	9,8443	10,2735	11,6039	11,7461
120	9,3480	9,2193	11,5262	10,6973	12,3818	12,3335

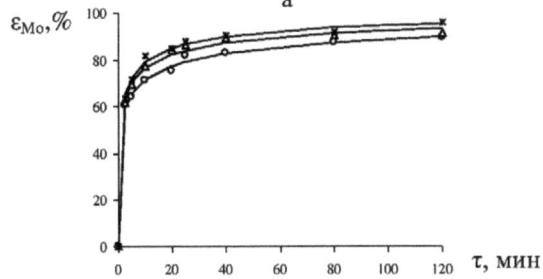

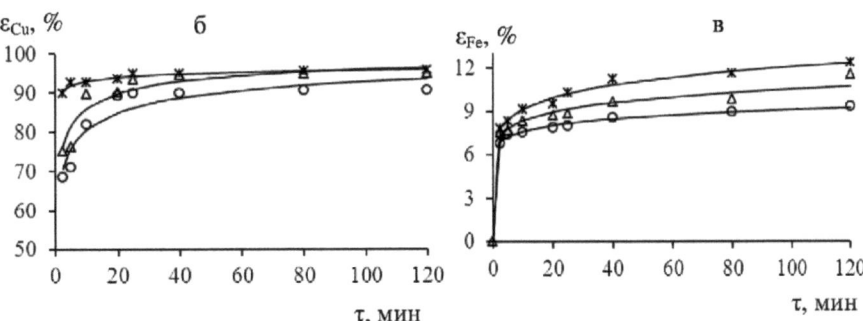

Точки – экспериментальные данные; линии – по уравнениям: а – для молибдена (43, 46, 49), б – для меди (44, 47, 50), в – для железа (45, 48, 51) (снизу вверх): 20, 45, 80 ºС

Рисунок 4 – Зависимости извлечения молибдена, меди и железа в раствор от времени при различных температурах

Из полученных данных рисунка 4 видно, что реакция идет с максимальной скоростью в начальный период (до 25 мин), далее в течение 60–120 мин процесс растворения огарка сильно замедляется (с извлечением его на 95–98 %), что свидетельствует о достижении полноты их растворения. В этих условиях выщелачивалось также железо, но в сравнительно меньшем количестве, чем молибден и медь.

Расчет теоретической зависимости извлечения $\alpha_{Mo,Cu,Fe}$ – τ, мин первоначально проводили по уравнению Колмогорова-Ерофеева [7].

Для трех температур:

для 20 ^{0}С

$$\alpha_{Mo} = 1 - e^{-0,7264\tau^{0,2391}}, \text{ R=0,981, } t_R=67,08>2, \tag{43}$$

$$\alpha_{Cu} = 1 - e^{-1,0152\tau^{0,2073}}, \text{ R= 0,9265 , } t_R=16,03>2, \tag{44}$$

$$\alpha_{Fe} = 1 - e^{-0,06553\tau^{0,0813}}, \quad \text{R=0,980, } t_R=62,29>2, \tag{45}$$

для 45 ^{0}С

$$\alpha_{Mo} = 1 - e^{-0,8135\tau^{0,2525}}, \quad \text{R= 0,934, } t_R=17,93>2, \tag{46}$$

$$\alpha_{Cu} = 1 - e^{-1,1895\tau^{0,2174}}, \text{ R= 0,9285, } t_R= 16,49>2, \tag{47}$$

$$\alpha_{Fe} = 1 - e^{-0,0683\tau^{0,1054}}, \text{ R=0,943 , } t_R=20,94>2, \tag{48}$$

для 80 ^{0}С

$$\alpha_{Mo} = 1 - e^{-0,8221\tau^{0,2796}}, \quad \text{R=0,951, } t_R=24,48>2, \tag{49}$$

$$\alpha_{Cu} = 1 - e^{-2,2089\tau^{0,0795}}, \text{ R= 0,9649, } t_R=34,31>2, \tag{50}$$

$$\alpha_{Fe} = 1 - e^{-0,0712 \, t^{0,1283}}, \text{ R=0,988, } t_R=102,3>2, \tag{51}$$

Расчетную концентрацию находили по формуле: $C = \alpha \cdot C_{полн}$.

Из полученных уравнений для извлечения молибдена (43), (46), (49) следует, что показатель степени n близок к 0,5. Это свидетельствует о диффузионном режиме протекания процесса [14].

Прямая обработка данных (0,7264, 0,8135, 0,8221) в координатах $lnk - 1/T$ на уравнение прямой $y = a+вx$ с отождествлением $в = -E/R'$ дает значение E =1,734 кДж/моль. Эта величина свидетельствует о диффузионном режиме протекания процесса выщелачивания молибдена из огарка. Для перехода меди в раствор по (44, 47, 50) по k (1,0152, 1,1895, 2,2089) в координатах $lnk - 1/T$ на уравнение прямой с отождествлением $в = -E/R'$ дает значение E = 13,11 кДж/моль, что также свидетельствует о диффузионном режиме протекания процесса.

Для определения энергии активации непосредственно по скорости с обращением переменных по уравнению (34) с их величинами k и n при определенном значении α. В нашем случае она была задана равной 0,04325 моль/л. Полученные из уравнения (34) значения скорости процесса для трех температур (20, 45, 80 °С), при которых значения $d\alpha/d\tau$ закономерно повышаются (0,0004589, 0,0008063, 0,001077), перевели в аррениусовые координаты с построением прямолинейной зависимости. По данной зависимости нашли величину кажущейся энергии активации. Последняя составила 12,101 кДж/моль, что указывает на диффузионный характер лимитирующей стадии процесса.

Как первое, так и второе значения энергии активации находится в пределах протекания процесса диффузионного режима. Однако второе значение энергии активации является более строгим, так как оно получается в соответствии с уравнением формальной кинетики (30). Меньшее значение энергии активации получено из условной константы скорости, которая имеет дробную размерность по времени. Поэтому условная константа скорости k и

37

полученная по ней энергия активации связаны с истинной константой скорости и истинным значением энергии активации только косвенно.

Равновесно-кинетический анализ процесса растворения молибдена, меди и железа проводили по внешнедиффузионной модели (16).

При растворении огарка в раствор помимо молибдена также переходит медь и железо, поэтому для учета только активной части поверхности частиц, связанной с растворением контролируемого вещества (в данном случае молибдена), необходимо в исходной массе навески сделать поправку на содержание только этого вещества по уравнению (37) [28-30].

Для решения (16) обработку температурно-временных экспериментальных данных относительно равновесной концентрации также проводилась с использованием случайно-поисковой процедуры по двум экспериментальным точкам с перебором всех парных сочетаний (18).

Из экспериментальных данных таблиц11-13сочетанием по два из восьми получается число комбинаций

$$C_8^2 = \frac{8!}{2!(8-2)!} = 28,$$

т.е. проводим 28 расчетов по каждой неповторяющейся паре экспериментальных значений. В расчетах для каждой изотермы первое поисковое значение равновесной концентрации задавалось ниже первого экспериментального значения текущей концентрации, чтобы выявить характер изменения Z_i/Z_j по мере возрастания поисковых значений равновесной концентрации. При этом в точках, где C_P равно C_i или C_j, наблюдается разрыв, что диктует запрет на это равенство, что учтено в алгоритме расчетов. Несмотря на сложный вид этой зависимости (рисунок 5 на примере молибдена и меди) для конкретной задачи по растворению молибдена, меди и железа всегда можно найти такое Z_i/Z_j, которое соответствует величине τ_i/τ_j. Как правило, оно находится за более высоким значением из C_i и C_j.

Найденные равновесные значения концентраций, которые выше последней экспериментальной точки, усредняем. Среднее значение равновесной концентрации рассматривается как расчетно-опытное значение равновесной концентрации для всего множества обрабатываемых точек. В таблицах 14 – 16 представлены поисковые значения равновесной концентрации – только те, которые выше последней экспериментальной точки для каждой температуры.

Таблица 14 – Результаты расчетов равновесной концентрации молибдена C_p, моль/л при температурах 20, 45, 80 ^{0}C. Прочерки относятся к несовместимым сочетаниям i/j

t, ^{0}C	C_p при i/j							C_{P},cp
	4/5	4/6	4/8	5/6	5/8	6/8	7/8	
20	–	–	0,0549	–	0,0548	0,0551	0,0555	0,0551
45	–	0,0560	–	0,0562	0,0559	–	0,056	0,0560
80	0,0589	–	0,0589	–	0,0589	0,0592	–	0,0590

Таблица 15 – Результаты расчетов равновесной концентрации меди при температурах: 20, 45 ^{0}C. Прочерки для несовместимых сочетаний i/j

t, ^{0}C	C_p при i/j								C_{P},cp
	2/8	3/4	3/5	3/6	3/8	4/6	4/8	5/6	
20	–	0,1343	0,1364	0,1331	0,1311	0,1326	–	0,1312	0,1331
45	0,1355	–	–	–	0,1355	–	0,1357	–	0,1355

Таблица 16 – Результаты расчетов равновесной концентрации железа при температурах 20, 45, 80 ^{0}C. Прочерки для несовместимых сочетаний i/j

t, ^{0}C	C_p при i/j									C_{P},cp
	3/7	3/8	4/7	4/8	5/7	5/8	6/7	6/8	7/8	
20	–	–	–	–	–	–	–	–	0,0359	–
45	–	0,0431	–	0,0439	–	0,0445	–	0,0457	–	0,0443
80	0,0435	–	0,0447	–	0,0444	–	0,0448	–	–	0,0444

Для температуры 20 °C из всех 28 сочетаний равновесная концентрация железа найдена только для пары 7/8. Очевидно, использованная модель (16) в области 20 °C для железа неприменима.

39

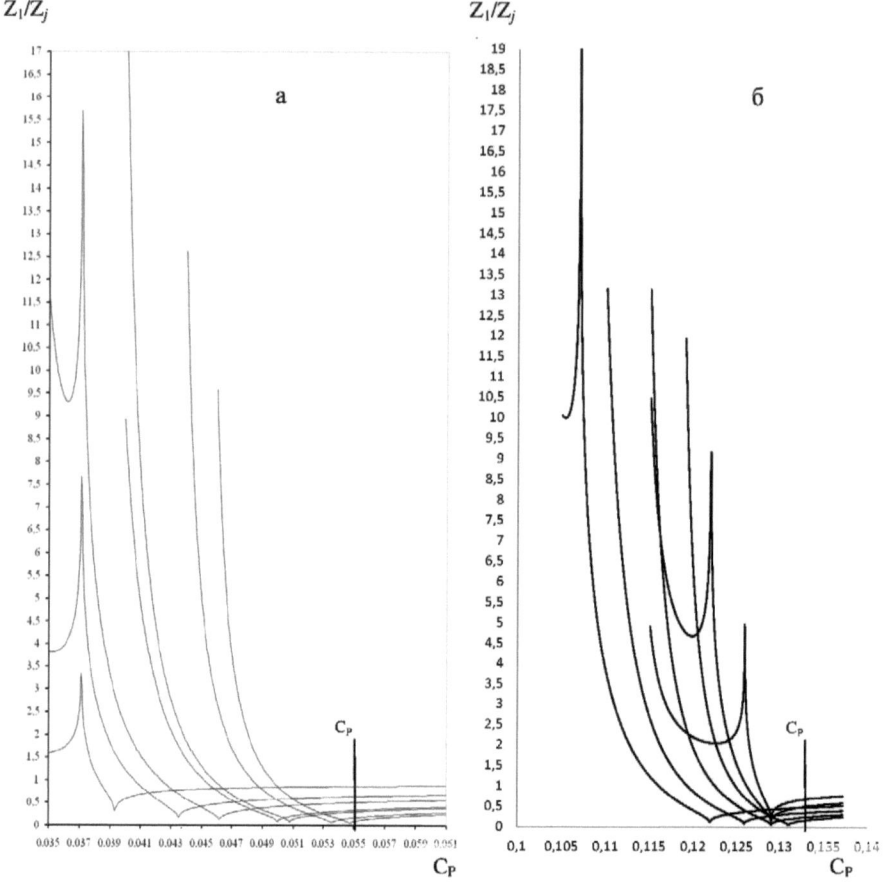

а – для молибдена; б – меди

Рисунок 5 – Зависимость Z от поисковой равновесной концентрации
для экспериментальных значений при 20 °C

Дальнейшая обработка данных сводится к определению константы скорости внешней диффузии k_D с использованием найденного набора Z_i и постоянного для всех вариантов набора τ_i, мин (таблица 17).

Положение данных из таблицы 17 в координатах $Z - \tau$ для молибдена приведено на рисунке 6.

Таблица 17 – Результаты расчета Z_i и константы скорости внешней диффузии k_D для молибдена, меди, железа

Компонент	Z_i, Mo			Z_i, Cu		Z_i, Fe		
τ_i, мин	20 ºC	45 ºC	80 ºC	20 ºC	45 ºC	20 ºC	45 ºC	80 ºC
2,5	0,1126	0,1006	0,0559	0,05929	0,04138	0,2002	0,05498	0,0582
5	0,1310	0,1414	0,0779	0,06609	0,04371	0,2582	0,05759	0,0691
10	0,177	0,2073	0,1278	0,09075	0,10007	0,2670	0,06978	0,0902
20	0,2235	0,3423	0,1583	0,1856	0,14578	0,3064	0,07937	0,1065
25	0,3370	0,4180	0,1976	0,2519	0,17208	0,3215	0,08356	0,1478
40	0,3750	0,6858	0,2604	0,3608	0,25020	0,4431	0,1122	0,2861
80	0,6493	0,8745	0,3190	0,4275	0,31238	0,5541	0,1239	0,4627
120	1,1322	1,29396	0,8758	0,5144	1,00538	0,8312	0,42084	–
n_D	0,01037	0,01343	0,00688	0,00647	0,00685	0,01052	0,003313	0,0067
k_D,мин$^{-1}$·м$^{-2}$	0,5496	0,7118	0,3646	0,3429	0,3630	0,5576	0,1756	0,3551
$\ln k_D$	-0,5985	-0,3399	-1,0088	-1,0703	-1,0132	-0,5842	-1,7396	-1,0354

(плотность огарка 2650 кг/м^3)

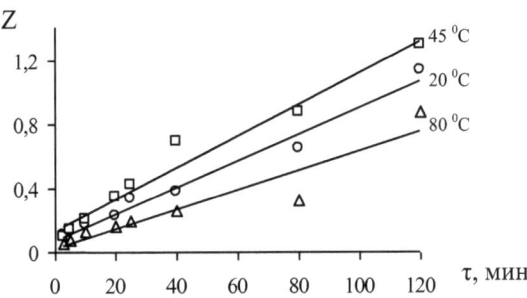

Точки – экспериментальные данные; линии – по уравнению $Z = n_D \cdot \tau$

Рисунок 6 – Зависимости Z молибдена от продолжительности при различных температурах: (снизу вверх) 80, 20, 45 °С

По найденным значениям константы скорости внешней диффузии для трех исследуемых температур рассчитывается кажущаяся энергия активации процесса по уравнению Аррениуса, то есть путем построения прямолинейной зависимости с отождествлением коэффициента $в = -E/R'$.

По рисунку 6 видно, что изотерма для 80 ^{0}C располагается ниже, чем для 45 ^{0}C и даже для 20 ^{0}C. Следовательно, использованная модель (16) в области 80 ^{0}C неприменима. Такое размещение кривых указывает на существенное изменение механизма процесса при температуре 80 ^{0}C. Изменение может быть вызвано либо образованием твердых продуктов за счет перехода в раствор не только молибдена, но также других компонентов, находящихся в огарке, в частности меди и железа, либо за счет более интенсивного перехода железа и меди в раствор по сравнению с переходом молибдена. Очевидно, это приводит к сильному отклонению при расчете Z_i (таблица 17) и соответственно к искажению значения k_D для этой температуры. Поэтому динамика изменения площади поверхности огарка при растворении требует дополнительного учета растворимости соединений железа и меди и связанного с этим уточнения расчетной модели. В связи с этим для расчета энергии активации используем только данные для температур 20 и 45 ^{0}C. В этом случае, угловой коэффициент *в* находим по двум точкам, который равен *в* = 963,6, откуда находим E=8,01 кДж/моль. Эта величина свидетельствует о внешнедиффузионном режиме протекания процесса выщелачивания молибдена из огарка.

Для расчета энергии активации меди используем данные для температур 20 и 45 ^{0}C и аналогично для молибдена находим угловой коэффициент равный *в* = -212,707. Отождествлением *в* = -E/R$'$ получаем значение энергии активации, равное E = 1,768 кДж/моль, которая свидетельствует о внешнедиффузионном режиме протекания процесса растворения меди.

Из таблицы 17 для железа видно, что изотерма для 20 ^{0}C располагается выше, чем для 45 и 80 ^{0}C. Такое размещение кривых указывает на существенное изменение механизма процесса при температуре 20 ^{0}C, что приводит к сильному отклонению при расчете Z_i и соответственно к искажению значения k_D для этой температуры. В связи с этим для дальнейших расчетов используем только данные для температур 45 и 80 ^{0}C.

Энергия активации процесса в интервале температур 45 и 80 ^{0}C, определенная из уравнения Аррениуса, равна 18,749 кДж/моль и подтверждает диффузионный характер ограничений скорости процесса в условиях эксперимента.

Для проверки адекватности полученных данных находим расчетные значения τ_i по C_i, которые представлены в таблице 18.

Для определения термодинамических характеристик рассчитываем исходную мольную концентрацию растворителя, т.е. серной кислоты (150 г/л = 1,53061 моль/л), которая в данном случае будет общей для всех компонентов:

$$C_{p,H_2SO_4} = C_{ucx,H_2SO_4} - C_{P,Mo} - C_{p,Cu} - 1/2 C_{p,Fe}$$

В этом случае учитывается, что на два моля железа расходуется только один моль кислоты, т.е. полмоля кислоты на моль железа.

Таблица 18 – Экспериментальные (э) и расчетные (р) данные продолжительности растворения молибдена, меди, железа с оценкой их адекватности

компонент	Mo			Cu		Fe	
τ, мин, (э)	τ, мин, (р), 20 ^{0}C	τ, мин, (р), 45 ^{0}C	τ, мин, (р), 80 ^{0}C	τ, мин (р), 20 ^{0}C	τ, мин (р) 45 ^{0}C	τ, мин (р) 45 ^{0}C	τ, мин (р), 80 ^{0}C
2,5	10,85	7,49	8,12	9,2	6,0	16,59	8,7
5	12,63	10,53	11,32	10,2	6,4	17,38	10,32
10	17,11	15,43	18,57	14,0	14,6	21,06	13,48
20	21,55	25,49	23,00	28,7	21,3	23,95	15,92
25	32,49	31,13	28,71	39,0	25,1	25,22	22,10
40	36,15	51,06	37,85	55,8	36,5	33,88	42,76
80	62,58	65,11	46,37	66,1	45,6	37,40	69,17
120	109,14	96,35	127,30	79,5	146,8	127,0	–
t_R	36,560>2	22,830>2	17,480>2	9,13>2	11,75>2	9,336>2	34,68>2
R	0,9671	0,9478	0,9324	0,8748	0,9012	0,8774	0,9683

Зная равновесную концентрацию серной кислоты, рассчитываем K_p для каждой температуры:

$$K_{p,Mo} = \frac{C_{p,Mo}}{C_{p,H_2SO_4}}, \ K_{p,Cu} = \frac{C_{p,Mo} \cdot C_{p,Cu}}{C_{p,H_2SO_4}}, \ K_{p,Fe} = \frac{C_{p,Mo} \cdot C_{p,Fe}^2}{C_{p,H_2SO_4}}.$$

По уравнению Вант-Гоффа рассчитываем энергию Гиббса значения, которых приведены в таблице 19.

Анализ результатов с помощью РКА позволяет сделать заключение о том, что в интервале температур 293-353 К происходит смена механизма выщелачивания, что отражается на всех компонентах, участвующих в реакции. Это предположение подтверждают и переходные значения энергии активации, найденные по уравнению Аррениуса.

Таблица 19 – Результаты равновесно-кинетического анализа процесса растворения окисленного медно-молибденового продукта в сернокислом растворе

Компонент	T, К	C_P, моль/л	n_D	k_D мин$^{-1}$·м$^{-2}$	E, кДж/моль	K_p	ΔG^0_T кДж/моль
	293	0,0551	0,01037	0,5496	8,012	0,04157	7,747
Mo	318	0,0560	0,01343	0,7118		0,04228	8,363
	353	0,0590	0,00688	0,3646		0,04453	9,132
	293	0,1331	0,006468	0,3429	1,768	0,005534	12,659
Cu	318	0,1356	0,006846	0,3633		0,005733	13,646
	353	–	–	–	–	–	–
	293	0,0359	0,01052	0,5576		$5,3526 \cdot 10^{-5}$	23,958
Fe	318	0,0443	0,003313	0,1756	18,749	$8,3035 \cdot 10^{-5}$	24,842
	353	0,0444	0,006688	0,3551		$8,7638 \cdot 10^{-5}$	27,418

Константа равновесия для всех трех растворяющихся металлов с повышением температуры закономерно увеличивается, однако стандартное изменение энергии Гиббса, рассчитанное по уравнению Вант-Гоффа, из-за сильного отклонения равновесных концентраций от стандартных условий (1 моль/л) в меньшую сторону оказывается в области положительных значений, то-есть по отношению к стандартным условиям все эти реакции сдвинуты в сторону образования исходных веществ, и этот сдвиг усиливается по мере повышения температуры из-за незначительного увеличения равновесных концентраций в сравнении с изменением температуры.

На основании полученных данных можно приближенно оценить средние значения энтальпии и энтропии реакции по уравнению Гиббса-Гельмгольца, обработкой данных на уравнение прямой, находим средние значения ΔH_{cp}^0 и ΔS_{cp}^0 (таблица 20).

Таблица 20 – Результаты средних значений энтальпии, энтропии и энергии Гиббса

Компонент	T, K	ΔH_{cp}^0, кДж/моль	$-\Delta S_{cp}^0$, Дж/моль	ΔG_T^0 кДж/моль, (41)	ΔG_T^0 кДж/моль, (42)
Mo	293	1,0221	23,005	7,747	7,763
	318			8,363	8,338
	353			9,132	9,281
Cu	293	1,1186	39,244	12,617	12,617
	318			13,598	13,598
	353			-	
Fe	293	5,5274	64,356	24,613	24,383
	318			25,598	25,993
	353			28,409	28,245
t_R R				3904,0>2 0,9997	

Эти данные свидетельствует о преимущественном сдвиге равновесия реакции в сторону образования ее продуктов. Положительное значение ΔH_T^0 показывает, что реакция идет с поглощением тепла. Зная значения энтальпии и энтропии процесса, возможно, рассчитать энергию Гиббса по уравнению (63). Полученные результаты ΔG_T^0 с их проверкой на адекватность представлены в таблице 20 и на рисунке 7.

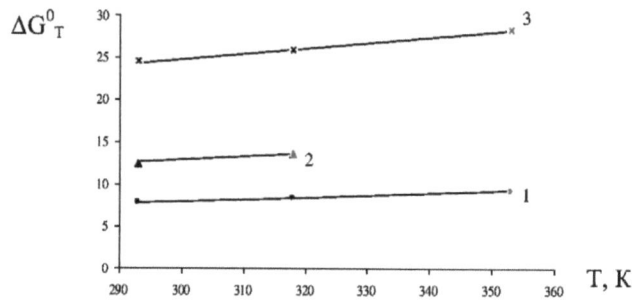

Точки – по экспериментальным данным через уравнение (41);

линии – по (42)

Рисунок 7 – Зависимости энергии Гиббса от температуры

3.1 Выводы

1. Закономерности процесса растворения окисленного медно-молибденового продукта изучены методом равновесно-кинетического анализа (РКА) с использованием внешнедиффузионной модели. Полученные данные свидетельствуют об адекватности использованной модели РКА и корректности учета активной поверхности растворяющегося компонента по его содержанию (доле) в огарке, β, на что указывают высокие значения коэффициентов корреляции при аппроксимации каждой из изотерм.

2. Результаты РКА подтвердили выводы о сложности механизма выщелачивания окисленного молибденовогопродукта, в частности, о смене механизмов по мере протекания процесса растворения железа в интервале температур 20-80 ^{0}С, что отражается уменьшением кинетических констант. Энергия активации, найденная по уравнению Аррениуса, составила 8,023, 1,764, 18,749 кДж/моль для *Mo, Cu, Fe* соответственно. Все полученные величины энергии активации могут быть отнесены к внешнедиффузионному режиму [21]. Кроме того, растворение огарка начинается с поверхности зерен,

затем развивается вглубь. Поскольку внешнедиффузионные затруднения были устранены при перемешивании магнитной мешалкой, то диффузионные затруднения обусловлены наличием в огарке нерастворимых (в условиях эксперимента) спекшихся комочков, на распад которых требуется определенное время, а также присутствие в огарке почти нерастворимой формы молибденита и частичек молибдатов, заключенных в пустую пароду.

3.   Константа равновесия для всех трех растворяющихся металлов с повышением температуры закономерно увеличивается, однако стандартное изменение энергии Гиббса, рассчитанное по уравнению Вант-Гоффа, из-за сильного отклонения равновесных концентраций от стандартных условий (1 моль/л) в меньшую сторону оказывается в области положительных значений и свидетельствует о меньшей термодинамической вероятности. Положительное значение ΔH_T^0 показывает, что реакция идет с поглощением тепла.

4. Равновесно-кинетический анализ гетерогенных реакцийвторого порядка. Вывод, процедуры расчета и применение

Наиболее подробно рассмотрены варианты для реакций первого порядка по исходному реагенту, а также диффузионные процессы [1, 2, 5, 6, 31, 32]. Особое внимание уделено реакциям третьего порядка [19, 20] – наиболее сложным по математическому обоснованию, хотя и сводимым в конечном итоге к тем же табличным интегралам. Приведем подробные выкладки по РКА реакции второго порядка [33], которые в методическом отношении могут представить более общий интерес, поскольку здесь будут учтены наиболее оптимальные процедуры получения математической модели и обработки экспериментальных данных на основе опыта применения данного метода.

Строгость моделей РКА основана на точном выражении закона действующих масс для соответствующих типовых обратимых реакций, в частности наиболее сложной – гетерогенной, протекающей на поверхности твердых частиц. Выражая площадь поверхности через концентрацию контролируемого реагента, получаем при разделении переменных в дифференциальном уравнении иррациональную дробь, от которой необходимо освободиться для взятия интеграла в явном виде. Это можно осуществить путем замены переменных и сведения интеграла к известным формам [4] (1), (2).

Такие фрагменты получаются практически во всех моделях типовых гетерогенных реакций независимо от учета той или иной лимитирующей стадии – химической, внутри- или внешнедиффузионной.

Равновесная гетерогенная реакция второго порядка по исходному реагенту в типичном варианте может быть записана как

$$Q + 2R \leftrightarrow N + D, \tag{52}$$

где: Q – твердое вещество, R – растворенный исходный реагент, N и D– растворенные продукты реакции.

Суммарная скорость реакции записывается как разность скоростей прямой и обратной реакций

$$V = V_1 - V_2,$$ (53)

где $V_1 = k_1 F C_R^2$, (54)

$$V_2 = k_2 F C_N C_D.$$ (55)

Здесь k_1 и k_2 – константы скорости прямой и обратной реакций, F – площадь поверхности реагирования на твердом веществе, C_R, C_N и C_D – мольные концентрации растворенных веществ.

Для разработки математической модели необходимо сократить до минимума число переменных. Так, если исходная концентрация вещества R' равна C_0, то согласно стехиометрии баланс концентраций растворенных веществ выразится уравнением

$$2(C_0 - C_R) = C_N + C_D,$$ (56)

или с учетом $C_N = C_D$ как

$$2(C_0 - C_R) = 2C_N \Rightarrow C_0 - C_R = C_N.$$ (57)

Отсюда

$$C_R = C_0 - C_N.$$ (58)

Известно, что скорость процесса можно выразить по любому веществу, поэтому с учетом (53) – (58), взяв для конкретности за основу контролируемую экспериментально концентрацию вещества, например N, получим дифференциальное уравнение

$$\frac{dC_N}{d\tau} = k_1 F (C_0 - C_N)^2 - k_2 F C_N^2,$$ (59)

где τ – продолжительность процесса.

Поскольку нас интересует поиск равновесных концентраций, в первую очередь для вещества N, то это можно осуществить на основе выражения константы равновесия через k_1, k_2 и равновесные концентрации растворенных веществ

$$K_p = \frac{k_1}{k_2} = \frac{C_{N,p} \cdot C_{D,p}}{C_{R,p}^2} = \frac{C_{N,p}^2}{(C_0 - C_{N,p})^2} \quad . \tag{60}$$

В дальнейшем ввиду использования только концентрации вещества N соответствующий индекс опускаем. Тогда уравнение (59) запишется как

$$\frac{dC}{d\tau} = k_2 F \left[\frac{k_1}{k_2}(C_0 - C)^2 - C^2 \right] = k_2 F \left[\frac{C_p^2(C_0 - C)^2}{(C_0 - C_p)^2} - C^2 \right]. \tag{61}$$

Площадь поверхности твердого вещества является величиной переменной и зависящей от текущей концентрации реагентов. Эта связь неоднократно выражалась и для округлых дисперсных частиц (порошков) она по балансовым и геометрическим соображениям имеет вид, в данном случае определяемый реагентом N (5).

Следует отметить, что если растворяемое вещество присутствует в исходной навеске в виде смеси с другими веществами, то нужно ввести поправку в формулу (5) по исходной массе m_0, умножив ее на долевое содержание β растворяемого компонента, соответственно учитывая плотность ρ именно по данному веществу. Помимо этого нужно учитывать стехиометрию растворяемого и растворенного вещества. В данном случае (52) их соотношение равно 1:1, поэтому убыль Q в молях равна C.

Подставляя (5) в (61), получим уравнение

$$\frac{dC}{d\tau} = \frac{3m_0 k_2}{r_0 \rho}(1 - MWC/m_0)^{2/3} \left[\frac{C_p^2(C_0 - C)^2}{(C_0 - C_p)^2} - C^2 \right], \tag{62}$$

в котором для изотермических условий содержатся только две переменные, C и τ. Разделив эти переменные, приходим к выражению, подлежащему для последующего интегрирования:

$$(1 - MWC/m_0)^{-2/3} \left[\frac{C_p^2(C_0 - C)^2}{(C_0 - C_p)^2} - C^2 \right]^{-1} dC = \frac{3m_0 k_2}{r_0 \rho} d\tau \quad . \tag{63}$$

В левой части, как обычно для гетерогенных реакций, получился дробный иррациональный полином, непосредственное интегрирование которого в элементарных функциях не представляется возможным. Конечно, для упрощения задачи могло бы быть достаточным численное интегрирование, которое в любом случае можно применить для контроля аналитического интегрирования. Но с учетом того, что в этом выражении помимо переменных τ и С, которые берутся из экспериментальных данных, содержатся еще и неизвестные постоянные, k_2 и C_p, определение которых представляет непосредственную цель для нахождения всех кинетических и равновесных характеристик, более целесообразно ориентироваться на строгое аналитическое решение полученной равновесно-кинетической модели процесса. Процедура поиска адекватных значений k_2 и C_p как для численного, так и аналитического интегрирования в принципе одинакова, но для взятого интеграла она будет проще, точнее и занимать меньше машинного времени, так как потребуется вариация только C_p без вычисления каждый раз интеграла по мелким шагам вариации С. Имеются и другие особенности, связанные с необходимостью уменьшения шага варьирования C_p в точках наибольшей адекватности, что потребует соответствующего сокращения шага С при численном интегрировании. Так или иначе, аналитическое решение всегда более желательно, так как позволяет выразить зависимость текущей концентрации от продолжительности (или наоборот) в явном виде.

Для начала требуется преобразовать выражение в квадратных скобках, которое после приведения к общему знаменателю, некоторых сокращений и группировки примет вид

$$\frac{C_p^2(C_0 - C)^2}{(C_0 - C_p)^2} - C^2 = \frac{(2C_pC_0 - C_0^2)C^2 - (2C_p^2C_0)C + C_p^2C_0^2}{(C_0 - C_p)^2}. \quad (64)$$

Здесь знаменатель представляет постоянную величину, а числитель – квадратное уравнение, которое можно представить в виде произведения $(2C_pC_0 - C_0^2)(С-С_1)(С-С_2)$, где $С_1$ и $С_2$ – корни квадратного уравнения:

51

$$C_1 = \frac{2C_0C_p^2 + \sqrt{4C_0^2C_p^4 - 4(2C_0C_p - C_0^2)C_p^2C_0^2}}{2(2C_0C_p - C_0^2)} = C_p, \tag{65}$$

$$C_2 = \frac{2C_0C_p^2 - \sqrt{4C_0^2C_p^4 - 4(2C_0C_p - C_0^2)C_p^2C_0^2}}{2(2C_0C_p - C_0^2)} = \frac{C_0C_p}{2C_p - C_0}, \tag{66}$$

которые для данной температуры являются постоянными. Тогда квадратная скобка в (63) выразится как

$$\frac{(C_0 - C_p)^2}{(2C_0C_p - C_0^2)(C - C_1)(C - C_2)}. \tag{67}$$

Если обозначить постоянную величину в первой скобке (63) как $a = MW/m_0$, а

$3m_0k_2/(r_0\rho)$ – как q, а также в (67) $\dfrac{(C_0 - C_p)^2}{2C_0C_p - C_0^2} = D$, то (63) примет вид

$$\frac{DdC}{(1 - aC)^{2/3}(C - C_1)(C - C_2)} = qd\tau. \tag{68}$$

Далее для приведения к интегрируемому виду (1) необходимы следующие преобразования. Обозначим $1 - aC = x^3$, откуда

$$C = (1 - x^3)/a, \tag{69}$$

и после дифференцирования этого выражения находим

$$dC = -\frac{3x^2dx}{a}, \tag{70}$$

а в знаменателе (68) соответственно:

$$(1 - aC)^{2/3} = x^2, \tag{71}$$

$$(C - C_1) = \frac{1 - aC_1 - x^3}{a}, \tag{72}$$

$$(C - C_2) = \frac{1 - aC_2 - x^3}{a}. \tag{73}$$

Введя дополнительно замену постоянным в (72) и (73) $1-aC_1 = A$ и $1-aC_2 = B$, получим уравнение (68) в форме

$$-\frac{a^2 D 3 x^2 dx}{ax^2(A-x^3)(B-x^3)} = \frac{-3aDdx}{(A-x^3)(B-x^3)} = qd\tau. \tag{74}$$

Осталось еще одно эквивалентное преобразование для отождествления с интегралом (1), которое в общем случае известно в форме [4]

$$\frac{1}{(A \pm x^n)(B \pm x^n)} = \frac{1}{(B+A)}\left(\frac{1}{A \pm x^n} - \frac{1}{B \pm x^n}\right), \tag{75}$$

а для рассматриваемого случая выразится как

$$\frac{1}{(A-x^3)(B-x^3)} = \frac{1}{(B-A)}\left(\frac{1}{A-x^3} - \frac{1}{B-x^3}\right). \tag{76}$$

Подстановка (28) в (26) позволяет разделить итоговое выражение на две суммы с выносом за скобки общих постоянных

$$\frac{3aD}{A-B}\left(\frac{1}{A-x^3} - \frac{1}{B-x^3}\right)dx = qd\tau \tag{77}$$

и взять два интеграла

$$\frac{3aD}{A-B}\left(\int \frac{dx}{A-x^3} - \int \frac{dx}{B-x^3}\right) = q\tau + const. \tag{78}$$

После представления $A = (A^{1/3})^3$, $B = (B^{1/3})^3$ приходим к окончательному выражению, которое можно использовать для аналитического решения

$$\frac{3aD}{A-B}\left(\int \frac{dx}{(A^{1/3})^3 - x^3} - \int \frac{dx}{(B^{1/3})^3 - x^3}\right) = \frac{3aD}{A-B} \times$$
$$\times \left[\begin{array}{l} -\dfrac{1}{6A^{2/3}}\ln\dfrac{(A^{1/3}-x)^2}{A^{2/3}+A^{1/3}x+x^2} + \dfrac{1}{A^{2/3}\sqrt{3}}arctg\dfrac{2x+A^{1/3}}{A^{1/3}\sqrt{3}} + \\ +\dfrac{1}{6B^{2/3}}\ln\dfrac{(B^{1/3}-x)^2}{B^{2/3}+B^{1/3}x+x^2} - \dfrac{1}{B^{2/3}\sqrt{3}}arctg\dfrac{2x+B^{1/3}}{B^{1/3}\sqrt{3}} \end{array}\right] = q\tau + const. \tag{79}$$

Константу интегрирования можно найти по условию: при $\tau = 0$, $C = 0$, откуда из (69) следует $x = 1$. Поэтому в (79) достаточно подставить это значение и вычесть результат из левой части этого уравнения:

$$\frac{3aD}{A-B}\left[\begin{array}{l} -\dfrac{1}{6A^{2/3}}\ln\dfrac{(A^{1/3}-x)^2}{A^{2/3}+A^{1/3}x+x^2}+\dfrac{1}{A^{2/3}\sqrt{3}}arctg\dfrac{2x+A^{1/3}}{A^{1/3}\sqrt{3}}+ \\[2mm] +\dfrac{1}{6A^{2/3}}\ln\dfrac{(A^{1/3}-1)^2}{A^{2/3}+A^{1/3}+1}-\dfrac{1}{A^{2/3}\sqrt{3}}arctg\dfrac{2+A^{1/3}}{A^{1/3}\sqrt{3}}+ \\[2mm] +\dfrac{1}{6B^{2/3}}\ln\dfrac{(B^{1/3}-x)^2}{B^{2/3}+B^{1/3}x+x^2}-\dfrac{1}{B^{2/3}\sqrt{3}}arctg\dfrac{2x+B^{1/3}}{B^{1/3}\sqrt{3}}- \\[2mm] -\dfrac{1}{6B^{2/3}}\ln\dfrac{(B^{1/3}-1)^2}{B^{2/3}+B^{1/3}+1}+\dfrac{1}{B^{2/3}\sqrt{3}}arctg\dfrac{2+B^{1/3}}{B^{1/3}\sqrt{3}} \end{array}\right]=q\tau. \qquad (80)$$

Дальнейшая работа с этой, как и с любой другой моделью РКА, состоит в следующем. В левой части за всеми принятыми обозначениями содержатся одна неизвестная постоянная величина C_p (при постоянной температуре) и одна переменная C, фиксируемая экспериментально. Поэтому вся левая часть функционально связана только с текущей концентрацией и поэтому может быть обозначена как единая переменная Z. В правой части помимо переменной τ содержится в составе q неизвестная величина k_2 – константа скорости обратной реакции, которая для данной температуры также является постоянной. В результате получается уравнение прямой

$$Z = q\tau, \qquad (81)$$

в котором содержатся две неизвестные постоянные, C_p и k_2.

Имеются различные приемы использования этой зависимости для определения как C_p, так k_2 с помощью набора экспериментальных данных τ_i, C_i [1, 19]. Наиболее эффективный из них детально рассмотрен со всеми примечаниями в работе [5]. Вкратце этот прием сводится к попарной обработке экспериментальных данных, благодаря чему на основе (81) сразу же исключается (сокращается) коэффициент q, а также дробь $\dfrac{3aD}{A-B}$:

$$\frac{Z_i}{Z_j} = \frac{\tau_i}{\tau_j} \tag{82}$$

и в правой части оказывается для выбранной пары экспериментальных точек конкретное число. К нему после подстановки в Z_i и Z_j соответствующих значений C_i и C_j подгоняется численным методом отношение Z_i / Z_j путем вариации общего для них значения C_p, начиная с произвольной величины в области верхних значений текущей концентрации или сразу после верхнего значения и во всяком случае вдали от равновесия, как это вообще предусмотрено в методе РКА. Процедура повторяется для всех пар с последующим расчетом среднего значения C_p и установлением его представительности по критерию однородности множества (например, по критерию Налимова). Здесь уместно отметить, что вариация C_p имеет смысл только в том случае, если исходное вещество взято в избытке по отношению к предполагаемому истинному значению равновесной концентрации, так как это гарантирует соблюдение материального баланса [5].

Далее с подстановкой найденного значения C_p в (80) находится среднее значение q по обращенной зависимости (81) для всех пар множества в изотерме

$$q = \sum_{i=1}^{n} Z_i \Big/ \sum_{i=1}^{n} \tau_i, \tag{83}$$

а из q — соответствующее значение k_2, также с использованием критерия однородности.

Затем через C_p рассчитывается константа равновесия K_p (60) и далее с помощью k_2 – константа скорости прямой реакции (k_1).

Расчеты повторяются для всех изотерм, что позволяет по C_p с помощью уравнения Вант-Гоффа рассчитать изменение свободной энергии Гиббса при каждой температуре, а по уравнению Гиббса-Гельмгольца – среднюю энтальпию и энтропию процесса. Соответственно по k_1 и k_2 при различных температурах возможен расчет с помощью уравнения Аррениуса энергии активации прямой и обратной реакций, тем самым завершив использование метода РКА по своему назначению в полном объеме.

Еще раз упомянем о возможности интегрирования функции (63) численным методом, например по формуле трапеций [4]. В этом случае левая часть уравнения (63), которую обозначим как ydC, будет приближенно равна взятому интегралу (80) с его обозначением как Z (81):

$$Z = \int\limits_{0}^{C} (1 - 2MWC/m_0)^{-2/3} \left[\frac{C_p^2(C_0 - 2C)^2}{(C_0 - 2C_p)^2} - C^2 \right]^{-1} dC = \int\limits_{0}^{C} ydC \cong \frac{C}{2n}\sum\limits_{i=0}^{i=n} y_i = q\tau$$

(84)

где n – произвольно выбранное число равных интервалов отрезка 0 – C, например, n = 100. При этом целесообразно оставлять интервал C/n одинаковым для всех C, для чего рекомендуется этот интервал устанавливать по верхнему значению текущей концентрации, которое можно взять с округлением, $C_в$. Тогда общий для всех случаев интервал выразится как $C_в/n$, а число учитываемых интервалов при вычислении Z при любой текущей концентрации C будет равно $nC/C_в$. В этом случае формула (84) несколько видоизменится:

$$Z \cong \frac{C_в}{2n}\sum\limits_{i=0}^{i=nC/C_в} y_i = q\tau.$$

(85)

Все остальные операции над Z остаются идентичными с вышеописанными, начиная с вариации $C_р$.

Для проверки модели (80) провели изотермическое изучение реакции растворения вольфрамата кальция в водном растворе соляной кислоты. Процесс идет с образованием вольфрамовой кислоты [34]:

$$CaWO_4 + 2HCl = CaCl_2 + H_2WO_4, \tag{86}$$

и представляет собой реакциювторогопорядкапо соляной кислоте, что соответствует компоненту R' в химической модели (52).

Опыты по растворению вольфрамата кальция проводили при следующих условиях: навеска 3 г, объем солянокислого раствора – 0,009 л, средняя крупность частиц – 0,0815 мм, соотношение Ж:Т=3:1, температура 294 К и продолжительность опыта 2–60 мин. при перемешивании на магнитной мешалке в солянокислом растворе с концентрацией 3,638 моль/л [35]. Растворение вольфрамата кальция контролировали по концентрации хлорида кальция, что соответствует обозначению $C_N = C$. Полученные результаты экспериментов приведены ниже:

τ, мин	2	3	10	20	30	40	60
C, моль/л $CaCl_2$	0,08492	0,1004	0,1312	0,1660	0,1853	0,2046	0,2200

В выше обозначенном выражении учитывается молекулярная масса $CaWO_4$, а для q – плотность этого соединения.

Обработка экспериментальных данных для решения уравнения (80) относительно равновесной концентрации велась с использованием случайно-поисковой процедуры по парным экспериментальным точкам с перебором всех их сочетаний по формуле (82) с помощью программной системы «РКА» (визуальная среда программирования Delphi 7) с выводом результатов в Microsoft Excel (рис. 8).

Найденные равновесные значения концентраций на их однородность проверили по критерию Налимова. Среднее значение равновесной концентрации рассматривается как расчетно-опытное для всего множества обрабатываемых точек. В таблице 21 представлены поисковые значения равновесной концентрации.

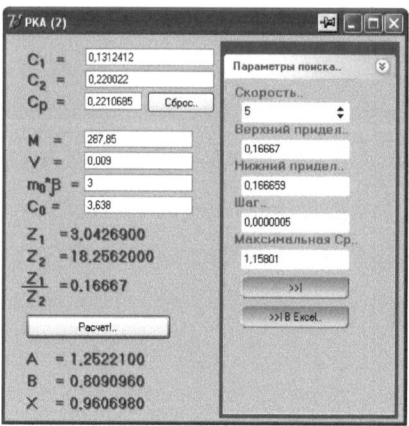

Рисунок 8 - Окно программы

Таблица 21 – Результаты расчетов равновесной концентрации кальция моль/л при температуре 294 К. i/j – номера сопрягаемых экспериментальных точек

C_p при i/j						C_P,ср
2/7	3/7	4/6	4/7	5/7	6/7	
0,220024	0,221068	0,221583	0,22364	0,227563	0,226659	0,223423

Далее с подстановкой найденного значения $\overline{C_p}$ находится средняя величина q по обращенной зависимости (80) для всех пар множества по уравнению (83), с последующим расчетом k_2. Затем через $\overline{C_p}$ по (60) рассчитывается константа равновесия K_p и далее с помощью k_2 – константа скорости прямой реакции (k_1). Результаты этих расчетов: $q = 0{,}2411$ л·моль$^{-1}$·мин$^{-1}$, $k_2 = 1{,}3099 \cdot 10^{-5}$ мин$^{-1}$·м$^{-2}$, $K_p = 0{,}01709$, $k_1 = 2{,}2384 \cdot 10^{-7}$ мин$^{-1}$·м$^{-2}$.

По уравнению Вант-Гоффа для изучаемой реакции находим величину $\Delta G^0_{294} = 9{,}9468$ кДж/моль.

Исходя из стехиометрии (86) равновесные концентрации $CaCl_2$ и H_2WO_4 должны быть одинаковыми, т.е. $C_p (CaCl_2) = C_p(H_2WO_4) = 0{,}2234$ моль/л. При заданной начальной концентрации соляной кислоты 3,638 моль/л ее равновесная концентрация согласно (58) составит $3{,}638 - 0{,}2234 = 3{,}415$ моль/л.

Для подтверждения адекватности разработанной модели (80) необходимо сопоставить ее линейную форму (81) в экспериментальном и расчетном вариантах. Так как расчет концентрации через продолжительность по (80) чрезвычайно затруднен из-за обращения Z на C, поставленная цель может быть достигнута путем расчета продолжительности через экспериментальные значения концентрации и равновесную концентрацию путем подстановки их в Z с последующим определением $\tau_{расч.}$ по обращенной формуле (81)

$$\tau_{расч} = Z / q. \tag{87}$$

Результаты расчетов приведены в таблице 22 и на рисунке 9.

Таблица 22 – Сопоставление экспериментальных (э) и расчетных (расч.) значений Z и продолжительности растворения вольфрамата кальция

$\tau_э$, мин	$C_э$, моль/л	$Z_э$	$Z_{расч.}$	$\tau_{расч.}$, мин
2	0,08492	1,3529	0,4822	5,61
3	0,1004	1,8340	0,7232	7,61
10	0,1312	2,9582	2,4108	12,3
20	0,1660	4,6948	4,8217	19,5
30	0,1853	6,1364	7,2325	25,5
40	0,2046	8,5481	9,6434	35,5
60	0,2200	14,2545	14,4650	59,1

Прежде всего по рисунку 9 убеждаемся, что разработанная модель (80) действительно сводится к форме прямой, выходящей из начала координат (81). Коэффициент корреляции составил $R = 0,9767$ и $t_R = 47,42 > 2$. Некоторый разброс точек вызван ошибками расчета текущей концентрации $CaCl_2$ по потере веса вольфрамата кальция.

Более тесно коррелирует и экспериментальная продолжительность с расчетной: $\tau_р = 1,000727\tau_э$, $R = 0,9818$ и $t_R = 60,940 > 2$ (рис.10).

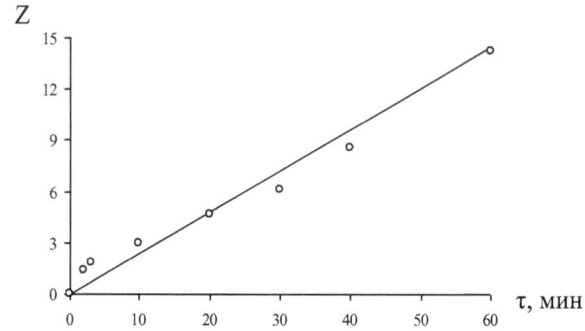

Точки – по экспериментальным данным;

линии – по уравнению $Z = q\tau = 0{,}2411\ \tau$

Рисунок 9 – Зависимость Z от продолжительности

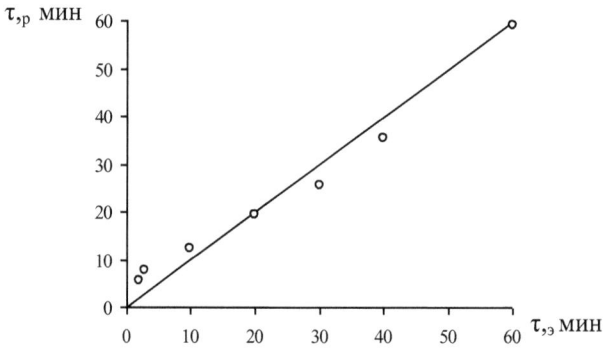

Точки – по экспериментальным данным;

линии – по уравнению $\tau_p = 1{,}000727\tau_э$

Рисунок 10 – Зависимость экспериментальной

продолжительности от расчетной

Таким образом, можно считать, что предлагаемая модель РКА для реакции второго порядка является достаточно корректной.

4.1 Выводы

1. Полученная дифференциальная модель проинтегрирована в явном виде с выражением через элементарные функции, что позволило разработать и реализовать наиболее строгую программу компьютерных расчетов.

2. Модель проверена на примере растворения вольфрамата кальция в соляной кислоте с определением равновесных концентраций реагентов, констант скоростей прямой и обратной реакций, константы равновесия и энергии Гиббса изучаемой реакции.

БИБЛИОГРАФИЯ

1. Малышев В.П., Шкодин В.Г. Равновесно-кинетический анализ химических процессов.-Алма-Ата: Ғылым, 1990.-112 с.

2. Малышев В.П., Радиошкина Т.В. Уточнение метода равновесно-кинетического анализа химических реакций // Журн. физ.химии.-1997. - №4.-С.625-627.

3. Бронштейн И.Н., Семендяев К.А. Справочник по математике для инженеров и учащихся вузов.-13-е изд. исправленное. - М.: Наука, гл.ред.физ.-мат.лит, 1986.-544 с.

4. Малышев В.П. Конструктивная роль неопределенности в химии и жизни // Энциклопедия инженера – химика. - 2008. - №7 .- С. 2-8.

5. Малышев В.П. Разработка наиболее оптимальной процедуры расчетов по методу равновесно-кинетического анализа химических процессов (РКА) // КИМС. 2009. - №4(265). - С. 61-71.

6. Малышев В.П., Беляев С.В., Бектурганов Н.С., Кульжанов А.Т. Определение кинетических и термодинамических характеристик растворения диоксида кремния // Журн.физ.химии. - 1984. - Т.58. - №10. - С.2451.

7. Ерофеев Б.В. Обобщенное уравнение химической кинетики и его применение к реакциям с участием твердых веществ // Докл. АНСССР.-1945. №6. - С.515-518.

8. Дукарский О.М., Закурдаев А.Г. Статистический анализ и обработка данных на ЭВМ «Минск-22».-М.:Статистика. 1971. -179 с.

9. Сиськов В.И. Корреляционный анализ в экономических исследованиях. М.:Статистика. 1975.- 168 с.

10. Lyutsia Karimova, Bachyt Adilova Dissolution kinetic sofcalcined Crudecon centrate off- balance ores // Journal of Materials Scienc eand Engineering A, 2013. - №3(6). – P. 425-429.

11. Каримова Л.М., Адилова Б.С. Изучение кинетики растворения обожженного чернового концентрата забалансовой руды // Материалы IX

Международной научно-практической конференции «Актуальные вопросы науки» (25.04.2013). - М., 2013. – С.41-45.

12. Шарипов М.Ш., Дюсембаева С.Е., Байкенова Н.А., Шушарина В.М. Изучение распределения железа и алюминия в процессе сернокислотной переработки каолинитов // В сб.научн. трудов КарГУ. Караганда, 1984. - С. 94-99.

13. Шахнубарян С.Т., Арамян В.Г., Адибекян А.Х. Сернокислотное выщелачивание молибдена из окисленных забалансовых руд Каджаранского месторождения // Цветные металлы. 1982. №2. -С.67-69.

14. Эммануэль Н.М., Кнорре Д.Г. Курс химической кинетики. - М.: Высшая школа, 1974. - 400 с.

15. Белькевич П.И. Обзор топохимических уравнений и их применимость к кинетике термического распада твердых веществ // Сб. науч. трудов Института химии АН СССР. М.: 1956. № 5 (1). -С. 21-35.

16. Черненко А.И. Математические методы в петрологии и геохимии. //Сб. трудов. М.: Наука, 1970.- 413 с.

17. Малышев В.П. Кинетический и технологический анализ обобщающих математических моделей химико-металлургических процессов // Доклады Национальной академии наук РК. – 2008. № 2. – С. 13-18.

18. Каримова Л.М., Адилова Б.С. Изменение площади поверхности реагирования обожженного чернового концентрата в сернокислых растворах // Материалы Международной молодежной научной конференции «БУДУЩЕЕ НАУКИ – 2013», г. Курск, 2013 г. – С. 45-49.

19. Букетов Г.К. Совершенствование метода равновесно-кинетического анализа: автореф. …канд. хим. наук: Караганда: КарГУ. 1998.

20. Малышев В.П., Букетов Г.К., Оспанов К.М. Разработка равновесно-кинетической модели для гетерогенных реакций третьего порядка // Вестник УГТУ-УПИ. 2000. №1(19). - С. 65.

21. Оспанов Х.К. Физико-химические основы избирательного растворения минералов. М.: Недра, 1993. - С.17-39.

22.   Зеликман А.Н., Коршунов Б.Г. Металлургия редких металлов. -М.: Металлургия, 1991.-365 с.

23.   Бабко А.К., Набиванец Б.И. Изучение состояния молибдатов в растворе // ЖНХ.-1957 - Т.2. - С. 2096 - 2101.

24.   Набиванец Б.И. Константы кислотной и основной диссоциации гидратированной трехокиси молибдена // ЖНХ-1969. - Т.14. - С. 653-659.

25.   БабкоА.К., Набиванец Б.И. Изучение состояния молибдатов в растворе // ЖНХ.-1957. -Т.2. -С. 2085-2095.

26.   Химия и технология редких и рассеянных элементов. Под ред. Большакова. – М: Металлургия, 1976. -Т.3. - 86 с.

27.   Каримова Л.М. Применение обобщенного уравнения химической кинетики к процессу растворения обожженного молибденового концентрата в сернокислом растворе // Сборник научных трудов «Новости науки Казахстана», 2009. - №4(103). – С.154-162

28.   LyutsiaKarimova. Dissolution study of product burned and determination of kinetic and thermodynamic characteristics of equilibrium by kinetic analysis // Journal of Materials Science and Engineering A №2(9) (2012). USA - P.654-660.

29.   Karimova L.M. The definition of thermodynamic and kinetic parameters of oxidized molybdenum products dissolution in sulphate acid solutions // Abstracts of the XVIII International Conference on Chemical Thermodynamics in Russia: Vol. 1. – Samara: Samara State Technical University, 2011. -P.152-153.

30.   Каримова Л.М. Применение метода равновесно-кинетического анализа (РКА) к растворению меди из окисленного молибденового продукта в сернокислом растворе // Известия НАН РК, сер. химическая, 2009. - №5 (377).- С. 34-38.

31.   Малышев В.П., Букетов Г.К., Радиошкина Т.В. О дальнейшем развитии метода равновесно-кинетического анализа химических реакций (РКА) // Известия НАН РК, сер.хим.-1997.-№5.-С.8-13.

32.   Каирбеков А.Ж., Малышев В.П., Жубанов К.А., Байкенов М.И., Якупова Э.Н. Изучение кинетики процесса гидрогенизации ой-карагайского

угля методом равновесно-кинетического анализа // Сб.докл.конф. «Химия-2002». - Алматы, 2002. - С. 11-14.

33. Малышев В.П., Каримова Л.М., Жумашев К.Ж. Разработка равновесно-кинетической модели для гетерогенных реакций второго порядка // КИМС, 2011. - №1(274). - С 61-70.

34. Рипан Р., Четяну И. Неорганическая химия. – М.: Мир, 1972. – Т 2. – 871 с.

35. Каримова Л.М. Определение физико-химических закономерностей по равновесно-кинетической модели второго порядка // Материалы Международной научно-практической конференции «Актуальные проблемы науки». - В.VII. –Т.III. - Кузнецк, 2011. – С.48-51.

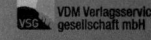